格局

决定人生高度

吴国明 / 著

时事出版社
·北京·

图书在版编目（CIP）数据

格局决定人生高度 / 吴国明著 . -- 北京：时事出版社，2025.8 -- ISBN 978-7-5195-0660-5

I. B821-49

中国国家版本馆 CIP 数据核字第 20254DQ599 号

出版发行：	时事出版社
地　　址：	北京市海淀区彰化路 138 号西荣阁 B 座 G2 层
邮　　编：	100097
发行热线：	（010）88869831　88869832
传　　真：	（010）88869875
电子邮箱：	shishichubanshe@sina.com
印　　刷：	河北省三河市天润建兴印务有限公司

开本：670×960　1/16　印张：16　字数：180 千字
2025 年 8 月第 1 版　2025 年 8 月第 1 次印刷
定价：56.00 元
（如有印装质量问题，请与本社发行部联系调换）

前　言

在人生岁月的长河中，气度与格局犹如夜空中的星辰，指引着我们生命的航向。它们不是与生俱来的禀赋，而是历经风雨洗礼、岁月沉淀后，在灵魂深处生长出的精气神。它有海纳百川的胸襟，能容下他人的棱角与世界的不完美；它有高瞻远瞩的眼光，在琐碎日常中窥见事物的本质与发展的脉络。

有人说，心有多大，舞台就有多大。气度格局不仅决定着我们生命的广度与深度，更影响着我们与他人、与世界的相处之道。拥有大格局者，不困于眼前得失，不为一时荣辱所扰，能以同理心化解矛盾，以善意拥抱差异。他们以更宽广的胸怀拥抱世界，以更长远的眼光布局人生，在风起云涌的浪潮中保持从容淡定。

回顾历史，蔺相如"回车避廉颇"的退让，展现的是顾全大局的智慧；范仲淹"先天下之忧而忧，后天下之乐而乐"的担当，彰显的是心怀苍生的格局。这些跨越时空的精神典范，都在诉说着一个真理：气度与格局，是成就非凡人生的基石，也是照亮时代的精神火炬。让我们在探索中锤炼气度，在历练中拓展格局，书写属于自己的精彩人生。

阅读本书，你会感受到：真正的格局不在云端，而在丈量世界的脚步里；可贵的气度不在峰顶，而在日常修炼的心性中。愿我们不断精进，既活出人生的长度，也活出人生的厚度。

目录

第一章
有格局者，宠辱不惊有涵养

- 003 / 尊重是最基本的涵养
- 006 / 用倾听打开交流的大门
- 010 / 接受别人的批评与反驳
- 013 / 掌控住自己的坏脾气
- 017 / 宽以待人，敌人也会变朋友
- 020 / 以积极的态度面对生活
- 023 / 无论境遇如何，都要以冷静的方式思考
- 027 / 忍耐是一种内敛的力量
- 030 / 包容可以使人路途顺利

第二章
有格局者，大事难事有担当

- 037 / 责任感是不可或缺的品质
- 040 / 有诚信的人才能在社会上立足

- 043 / 关键时刻更要勇于担当
- 046 / 要为自己的言行负责
- 048 / 要担当起对父母的责任
- 052 / 家庭的承担是我们奋斗的不竭动力
- 055 / 责任感是通往成功的一条捷径
- 059 / 担当决定了一个人事业的高度

第三章
有格局者，顺境逆境有胸怀

- 065 / 得意时不妨低调一点
- 068 / 懂得给他人留一点余地
- 072 / 在得失中锻炼气度
- 074 / 要有认输的勇气
- 078 / 面对失败，苛责他人不如反省自己
- 081 / 归零心态体现宽广的胸怀
- 083 / 要有顾全大局的视野
- 086 / 经历考验，才能成就事业
- 087 / 有襟怀的人更能够进退自如

第四章
有格局者，有舍有得有智慧

- 093 / 舍弃狭隘，吃亏也是一种智慧
- 095 / 不该退让时，不做没底线的"滥好人"
- 099 / 充分考虑才能让取舍具有价值

102 / 谦卑做人，舍弃骄傲

105 / 要善于给他人面子

108 / 有一种爱，叫作放手

112 / 乐于帮助别人

114 / 时机未到，不争一时之短长

116 / 当断则断，免受其乱

119 / 有追逐的勇气，也要有放弃的魄力

122 / 舍弃小我，谋求共赢

第五章
有格局者，对名对利有定力

127 / 不做名誉的奴隶

129 / 成功的时候不要迷失自己

132 / 不要把工资看得太重要

135 / 避免与人盲目攀比

138 / 清醒地走出物欲的迷宫

142 / 以平常心对待财富

145 / 把贫穷看作一种财富

147 / 超越名利的束缚，寻找生活的快乐

151 / 享受生活而不是享受金钱

第六章
有格局者，自主自立有识见

157 / 安心做自己，是最从容的活法

- 160 / 一味盲从只会将生活带入误区
- 163 / 不要对不了解的事妄下结论
- 166 / 要有审视权威的勇气
- 169 / 聪明的人不和别人抢一碗饭
- 172 / 同样的问题，要能寻找不同的解决办法
- 175 / 为自己活而不是为别人活
- 178 / 做事要有自己的分析和判断
- 181 / 成功是对一个人识见的最好回报

第七章
有格局者，遇惊遇险有胆识

- 187 / 不被风险和偶然的失败吓住
- 190 / 要培养自己的"胆商"
- 193 / 眼光决定成败
- 196 / 果断抓住稍纵即逝的机遇
- 200 / 不做怯懦的人
- 202 / 超越自我，改变命运
- 205 / 不让保守阻挡成功
- 207 / 不要在迟疑中丧失机会
- 210 / 智慧和胆识造就有魄力的人
- 213 / 保持内心平静，才能抓住眼前机会

第八章
有格局者，有成有败有坚持

219 / 人生要经过风雨洗礼

222 / 摔了跟头要立刻爬起来

225 / 挫折能帮助你看清自己

227 / 要学会微笑面对挫折

230 / 天生就是乐天派

232 / 危难磨炼出沉稳的个性

235 / 懂坚持的人令人敬仰

239 / 耐心等待是成大事的特点

242 / 保持自信，不断给自己打气

第一章

有格局者,
宠辱不惊有涵养

尊重是
最基本的涵养

在人际交往中，懂得尊重他人，就是要设身处地地为他人着想。不把自己的喜怒哀乐强加于人。尊重是两个人建立联系的桥梁，真正有涵养的人，才能明白尊重的意义。

涵养，是一个人的格局和修养，是一种美德，它是这个时代最受欢迎的品质之一。我们一定要不断地提升自己的涵养，这样才能获得更广泛的认可，处理问题才能游刃有余，获得更高的威望。

公元前521年春，孔子得知他的学生宫敬叔奉鲁国国君之命，要前往周朝京都洛阳朝拜天子，孔子觉得这是个向周朝守藏史老子请教"礼制"学问的好机会，于是在征得鲁昭公同意后，与宫敬叔同行。

到达京都第二天，孔子徒步前往守藏史府拜望老子。老子听说誉满天下的孔丘前来求教，赶忙放下手中刀笔，整顿衣冠出来迎接。

孔子看到大门里出来一位年逾古稀、精神矍铄的老人，急忙上前，恭恭敬敬地向老子行弟子礼。进入大厅后，孔子再拜后才坐了下来。

老子询问孔子为何而来，孔子离座恭敬回答："我学识浅薄，对古代'礼制'一无所知，特地前来向老师请教。"

老子见孔子态度如此诚恳，便详细地向对方讲述了自己的见解。

回到鲁国后，孔子的学生们请他讲述老子的学识。孔子这样回答："老子博古通今，通礼乐之源头，明道德之归属，确实是我的好老师。"同时用比喻的方式赞扬老子，他说："鸟儿，我知道它能飞；鱼儿，我知道它能游；野兽，我知道它善跑。善跑的野兽我可以结网来捉它，会游的鱼儿我可以用丝条缚着鱼钩来钓它，高飞的鸟我可以用良箭射下来。至于龙，我却不知道它是如何乘风云而上天的。老子其犹如龙乎！"

在今人看来，孔子的学问是如此深邃，但从他对待老子的态度中，我们看到的是一个谦逊的人。通过故事，我们更多地体会到孔子对智者的尊重，因为这份涵养，我们对孔子更加崇拜。

在工作与生活中，我们自己是否太过强调自我？是否对待环境与他人有太多忽视？是否因为自己的过分自我而失去对别人的欣赏与尊重？对比孔子，也许我们可以看到差距。

每一个人都有自己的尊严，这是他们的精神支柱，即使乞丐也不例外。只有懂得尊重的人，才能获得社会与他人的认可。

吉姆在流浪汉聚集的地下通道，遇到了一个乞丐。那是一个二十来岁的年轻人，他衣衫褴褛，怀里抱着一把褪色的旧吉他，唱着悲伤的歌曲。这样的情景，在这个城市屡见不鲜。

"可以自食其力，却在这里乞求别人施舍，他们真应该觉得脸红。"想到这里，吉姆加快脚步，向前走去。忧伤的歌曲仍在耳边萦绕，却不能挽留吉姆匆忙的步伐。

"先生，请等一下。"当吉姆迈步上台阶的时候，一个声音突然叫住了他，吉姆知道背后是那个乞丐。

"怎么？不给钱，他要追上来要吗！"想到这里，吉姆生气地回答他，"我很忙，请不要打搅我。"

"您误会了，我想问，这是您的东西吗？"看到他手里的钱包，吉姆才发现自己的钱包掉了，而里面有整整一万美元，如果丢了，对吉姆的工作影响不可想象。

刹那间，吉姆感到羞愧无比，他完全误会了眼前这个乞丐。

吉姆激动地接过钱包，为表示谢意，他从钱包里拿了一张10美元，对乞丐说："为表示感谢，请接受我一份心意！"

"先生，我是很需要钱，但我有自己的原则。"那个年轻乞丐说道，"希望您今天有个好心情，下次可要注意。再见，先生。"说完，他又回到原先的地方，继续弹那把旧吉他。

吉他的声音依旧在通道里回响，但在吉姆的耳中，它是如此高尚。

在金钱面前，乞丐并没有为一时的利益而失掉自己的人格尊严，正是对自己的这份尊重，才使得他如此受人尊敬。这个故事，值得我们深思。

你想要别人怎样对待自己，你就要怎样对待别人。尊重别人，是自身涵养的体现，也是一个人最大的魅力。

用倾听
打开交流的大门

每个人都有表达的欲望，人们都希望自己的存在能被别人注意，自己的声音能被别人听到，似乎只有在表达中，才能获得一份满足。但在这样的表达中，自己一味地倾诉，对方根本不感兴趣，甚至因为过度的表达，还会引起对方的反感，根本达不到预期的效果。因此，只有在适当的时候，向对方表达意愿，也许才会取得好的效果。可见，要舍弃表达自己的机会，就需要一份内在的涵养，在尊重他人的同时，自己也才会被尊重。

其实，在交流的过程中，最好的方式就是倾听，这是一条亘古不变的经典法则。自己并不需要多说什么，对方就能心领神会。富有涵养的人，总会以最为得体、最为恰当的方式，将自己的意愿表达给别人。在需要表达时，他们从不推诿，也不吝啬于自己的真诚；在需要停止时，他们也总能收住自己的情绪，不会再多言。

一个谈吐优雅的人，人们必然会认可他的内涵，交往中也会表现出对他们的好感。而那些只喜欢滔滔不绝表达自己的人，人人避之唯恐不及。可见，我们要提升自己的魅力，学会恰当的谈吐是改变的第一步。

罗克岛铁路公司打算建一座桥，把罗克岛和达文波特两个城连接起来。那个时候，轮船是运输小麦、熏肉和其他物资的重要运输工具,轮船公司把水运权当成他们赖以生存的特权,一旦铁路桥修建成功,特权就会取消,毁了他们的财路,因此轮船公司竭力反对修建桥梁。于是,美国运输史上最著名的案件开庭了。

轮船公司的辩护律师韦德是当时有名的铁嘴。法庭辩论最后一天,听众云集。韦德滔滔不绝地论述,足足用了两个小时。

轮到罗克岛铁路公司律师发言,听众已不耐烦,担心他也侃侃而谈,这也正是韦德的诡计。

但出乎意料的是,那位律师只用了一分钟,不可思议的一分钟,就使这个案子从此闻名。

他站起身平静地说道:"首先,我对反对方律师滔滔雄辩表示钦佩!然而,陆地运输远比水运重要,这是任何人都不能改变的事实。尊敬的陪审团成员,你们要裁决的问题是,对未来发展而言,陆运和水运哪个更重要?哪个更势不可当?我相信你们能做出正确的裁决。"

片刻后,陪审团做出一致裁决,建桥方案获得通过。

韦德既想炫耀自己的口才,又想拖延时间,因此滔滔不绝,他却没有预料到对方律师很好地把握住局面,他明了听众厌烦的心理,以短小精悍的陈述,表现出了自己的涵养与智慧,最终赢得了这场辩论的胜利。

任何人都不喜欢喋喋不休的人,面对想要表现自己的人,人们会自然地产生抗拒心理;但对那些主动"示弱"的人,却能产生好感。有涵养的人,都明白这个道理,他们往往惜字如金,让语言拥有掌控力。

刘华是一家公司的采购员，因为供应商的问题，最近心情一直很糟糕。

公司的部分产品需要包料外发，由供应厂商加工完成。尽管是小零件，但数量庞大，每次都有几万、十几万甚至几十万，价格虽低，但加工费的任何轻微浮动都会影响成本。最近有一款新产品，因材料重量、加工工艺、技术要求和老款基本相同，所以公司将价格定成了同一标准。

供应商反应很大，表示价格过低，产品难做，要求上涨加工费。这个事情虽进行了几次协商，但都无法解决。最终，在刘华重压之下，几个供应商勉强接下订单，也没再提价格之事，但交货期却一拖再拖，接二连三延误公司生产进度。

某一天上午，刘华又一次因供应商延误时间而气得摔了电话。这时，一个供应商走进办公室。他是一个其貌不扬、极为低调的年轻人，在所有供应商中，他是唯一没有提出涨价的人。

刘华正在气头儿上，不想给他说话的机会，也没给他好脸色，语气生硬地说："是不是也要涨价？我告诉你，公司定的价格，我没权力更改，也没时间来陪你谈这个事情。"说完，转身就想走。

"刘先生，给我一个说话的机会？"年轻人面带微笑，不温不火。

刘华马上意识到自己失态，语气缓和，探询地问道："那你的意思……"

"刘先生，这款零件价格争执的焦点都落在一个关键部位上，有没有办法让这个部位简单点儿？如果能在设计上简化，涨不涨价，根本就不是问题。"年轻人给出自己的建议。

"你们加工这部位很困难？"刘华半信半疑。

年轻人再一次笑了："知道您会这样问，我把加工新老产品的工具都带来了，可以演示给您看。"

年轻人将放在门外的工具和几个产品拿了进来。经过演示，新产品执行老产品价格，供应商确实会赔本。

"我今天来的目的，就是想知道零件上这个部位的功能是什么，可不可以改进一下，简单一点，这样我们加工起来也方便，成本也低。"年轻人紧接着说道。

刘华赶紧拨通装配部电话，在技术人员配合下，在设计上做出了微小调整，既满足了供应商要求，又不影响零件的功能。最终刘华面临的难题迎刃而解。

年轻人以自己的涵养和微笑，打开了一扇交流的大门。当他获得交流的机会后，年轻人经过充分的准备，达到了这次交流的目的。因为年轻人的包容，问题得到有效解决。

生活中，涵养是如此重要，涵养不仅是个人修养的表现，有时它也可以使工作富有效率。

接受别人的
批评与反驳

"信言不美，美言不信。"意思是真实的言辞不华美，华美的言辞不真实。那些不中听的言语，对自己事业发展往往会起到更好的作用。纵观我国历史，凡是有突出成就的人，他们大多有着共同的特点，那就是勇于接受批评。只有做到从善如流，才能将所有人的智慧结合起来，避免自己的失误。

面对批评时，反击、争辩都无济于事，用一个借口去搪塞别人的批评，固执地去反驳别人，更会给人们留下不好的印象，甚至让人们产生反感。

汉高祖刘邦正如他对自己的评价，个人能力并不突出，但有一个非常突出的优点，那就是能够听取别人的意见。相对而言，霸王项羽就显得刚愎自用，唯我独尊。所以，对待他人意见的态度差异，会体现出两人涵养不同，最终决定了他们不同的命运。

秦朝末年，刘邦率军攻入咸阳，推翻了秦王朝统治。刘邦进入秦宫，见宫殿雄伟高大，美女、珠宝不计其数，心生羡慕，有了据为己有的想法。大将樊哙劝阻刘邦，刘邦很不高兴。谋士张良对刘邦说："秦王所以不得人心，最终失去天下，就在于他穷奢极欲。现在您刚入秦宫，就想像秦皇那样享乐，岂不是坏了自己大事？樊哙的话可是忠言啊！'良药苦口利于病，忠言逆耳利于行'，您还是听从樊哙的劝告吧！"

刘邦这才恍然大悟，认为这些话有道理，最终采纳了樊哙的意见。接着，刘邦又传令废除秦朝苛法，还约法三章："杀人者死，伤人及盗抵罪。"刘邦不仅分毫未动秦宫的财宝，而且撤守灞上，以自身的这份涵养赢得了秦人的拥护。

刘邦之所以能够以弱胜强，最终战胜项羽并取得天下，一个很重要的因素就是他对待事情虚怀若谷。一个人如果能够接受他人的意见，那么即使身处困境，也会化险为夷；一个人如果只相信自己的判断，那么无论他有着多大的优势，最后也会一步步走向衰落。涵养是最终决定一个人事业成败的关键因素。

一个人的涵养，也同样可以给一个人带来好声望。刘邦的故事，被人们口口相传，为他赢得了良好的声誉；对于项羽最终的命运，尽管人们感慨他的英雄气概，但对他的刚愎自用，以致最后自刎乌江，总会感到一丝惋惜。

"人非圣贤，孰能无过"，每个人都会犯错，关键是要看你选择什么样的态度去面对。拒绝承认错误的人，永远只会停留原地；而那些勇于承认错误的人，却总在不断进步。

面对批评的时候，想想这些批评会对自己产生的好处，也许就能让自己用更广阔的胸襟去接受它。同时也要认识到，智者只对值得批评的人提出批评，对不值得批评的人根本不会理会他。所以千万不要让人们认为你是一个不能接受批评的人，缺少了鞭策，你就会失去进步的机会。战国时期墨子和他的弟子耕柱子之间的一则故事，就很值得学习。

耕柱子是一代宗师墨子的得意门生，不过，他老是被墨子责骂。一次，墨子又责备耕柱子，耕柱子觉得非常委屈。因为在墨子众多门生中，耕柱子被公认为是最优秀的，但偏偏是他经常遭到墨子的批评，这让他觉得有些不能接受。

一天，耕柱子愤愤不平地问墨子："老师，难道在这么多门生中，我竟是如此差劲，以至于要时常遭您老人家责骂？"墨子听后反问道："假设我现在要上太行山，依你之见，我应该要用良马来拉车，还是用老牛来拖车？"

耕柱子回答："再笨的人也知道要用良马来拉车。"

墨子又问："为什么不用老牛？"

耕柱子回答说："理由非常简单，因为良马足以担负重任，值得驱遣。"

墨子说："你答得一点儿也不错。我之所以时常责骂你，是因为你能够担负重任，值得我一再教导与匡正。"

听了墨子这番话，耕柱子才明白老师的良苦用心，从此再也不以遭受批评为耻，而是更加发奋努力，终于成为墨子的继承人。

别人的批评并不是对我们本人表达不满，而更多是对你的在意，是希望你能有更好的表现。所以他们会经常向你提出意见，他们甚至会用"苛责"的眼光挑剔你的行为，认识到这点，也许可以帮助你更好地面对和处理这些批评和反驳。大部分批评和反驳并不是无中生有的，善意的批评可以让我们知道自己存在哪些不足和缺点，使我们能够改正缺点，完善自己，这些意见正是一个人前进路上的最好动力。

对于别人的批评和反驳我们应当抱以宽容,万不可怒目相向。认识不到自己错误的人永远不会改进自己,不虚心接受别人批评的人离成功也只会越来越远。

认识到批评的重要性,就可以使自己以更加包容的态度去面对和处理这些不同意见,这不仅能体现自己的涵养,也有利于获取成功和赢得人们的欣赏。因此,我们要虚心接受别人善意的批评,不要觉得有失面子,自己获得的每一次成功,都应当感谢那些曾经批评指正过自己的人。

掌控住自己的坏脾气

日出日落,月圆月缺,自然万物都在循环中变化,人也不例外。情绪会时好时坏,就像一个转轮,由乐而悲,由悲到喜,情绪虽有变化,但我们不能陷入其中。弱者任思绪控制行为,强者让行为控制思绪。

如今,生活节奏加快、纷繁复杂,我们会时常遭遇他人的坏脾气,对方将一通怒火毫无理由地宣泄到我们头上;我们也因自己的坏脾气,不能隐忍一时的怒火,而将怒火全部宣泄出来。

但作为一个胸怀大志的人,必须能够控制自己的坏脾气。个人良好涵养的背后,是对情绪的把握,要喜不形于色,怒不形于言,处变不惊。这样的隐忍是必需的,失态的表现只会让问题变得更糟糕,而隐忍却可以让事情顺利发展。我们只有提高自己的涵养,掌控住情绪,才能应对各种变化,也只有这样,才能够彰显出自身的卓越与不凡。

罗素·克洛是影坛炙手可热的大明星。他主演的《美丽心灵》轰动全球,影片屡屡获奖。

然而,一离开摄像机,罗素·克洛就变成了一头暴躁的狮子,他不仅爱发脾气,而且经常酗酒,虽然观众喜欢有性格的演员,但像罗素这么大脾气的,大家也不会接受。

在他获得英国电影学院最佳男主角奖时,因一时兴奋,他在领奖时即兴赋诗一首,但被BBC广播公司在播出时删掉了,罗素因此大发雷霆。

虽然他后来为自己一时的鲁莽表示道歉,却没得到大家的原谅。大家认为罗素只是把"纳什"这一角色演得出神入化,可他本人的性格却无法让人接受,这无形中限制了他的事业发展。

坏脾气不会有好结果,罗素·克洛的经历就足以证明。如果你不能控制住自己的情绪,即使你有卓越的能力,即使你做出优秀的业绩,但就因为你的性格缺点,别人也不会认可和接纳你,而这必然对你未来的发展带来阻碍。生活中,无法掌控自己情绪的人,相信人们都会尽可能地远离他。

相对而言,如果一个人有好脾气,情形就会大不相同。即使他的能力普通,即使他的成绩并不显著,因为他性格温和,人们也许会愿意和他接触，无形中会给他带来更多的机会。坏脾气可能会减少机会，而好脾气却能增加机会。

当一个人愤怒时，并不容易控制住情绪，特别是第一次面对这样的情形，更是对自己性格极限的一种挑战。但毫无疑问，这是每个人必须面对的考验，更是必须完成的修炼。只有这样，我们才能逐渐提升自己的涵养，所有的情况，也会随着时间发生改变。在这里，介绍一些化解个人愤怒的小诀窍，以供大家参考。

自我解脱法

时刻提醒自己，自己认定的任何事情，都可能遭到周围半数人的不赞同。当有了这个心理准备之后，再遇到他人的反对，就会以更为平和的心态接受。

转移思想法

如果心里一直牵挂让你生气的事，那么结果只能是让自己越想越生气，越想越愤怒。此时，你应该有意识地借助其他途径来转移自己的注意力，比如，听听音乐，逗逗孩子，或者去旅行等。自己的注意力被转移之后，大脑的兴奋点也随之转移，愤怒的情绪在不知不觉中消失。

强迫记录法

写一份自己的"动怒日记"，记下自己动怒的时间、地点、对象和原因，并且要强制自己如实地记录所有动怒行为。用不了多久，你就会发现，如果经常生气，光是要记录这些，就已经够麻烦了，而发怒引起的麻烦，显然有很多是不必要的。如果能认识到这一点，那么相信自己发怒的机会就会越来越少。

意识控制法

依靠自己的意识对情绪进行控制，在发怒时心中反复默念"别生气""不该发火"等，这样一定会收到效果。在不断的磨炼中，自我控制水平就会不断提高。

主动释放法

把心中的不平和愤怒向你认为可信赖的人和盘托出。在平常交往中，要认识到相处就可能产生意见与隔阂，疏通交换意见的渠道，把话说清楚，是平息怒气和增强团结的一种好方法。

主动回避法

如果你与对方发生了激烈争吵，最好先暂时回避，这样起码可以做到眼不见，心不烦，使怒气暂时平缓。

积极沟通法

沟通是人际交往的一个重要法宝，在心平气和的时候，试着去和经常让你生气的人谈谈，双方一起分析其中的原因，并寻找彼此的共同点，从而为交流和信任打开一条通道。随着交流的增多，理解的增多，双方也就建立了更多的信任，就会减少冲突，合作也会更加愉快。

只有在生活中不断地磨炼自己，才能使自己的涵养不断提升，才能在人际交往中显得游刃有余。

宽以待人，
敌人也会变朋友

每个人在生活中都会遇到摩擦，有时候是自己占理儿，有时候是自己理亏。占理的时候，多一些包容；理亏的时候，要能保持谦虚的态度，只有这样，才能为自己建立一个良好的人际关系。如果一个人表现出这种涵养，他就会赢得大家的赞赏。

在发生冲突时，不要只想着全力捍卫个人利益，也许可以避免利益损失，但失去的可能是大家对你的好感。自己多承担一些，对对方的错误多包容一些，也许会为自己赢得大家的信任，这对自己将来的发展，会有很大的帮助。

郑军和徐伟同在一家公司工作，两个人年纪相仿，一个29岁，一个28岁，因此他们关系很好。有一次，他们共同策划了一个大型活动，活动结束后，郑军被老板派去出差，于是总结和汇报的工作就落在了徐伟的身上。

然而就在此时，徐伟的孩子因病住院了，不得已，徐伟不得不一边工作，一边照顾孩子。这样一来，注意力难免分散，因一时疏忽，在汇报时把工作中一个重要环节给弄错了。

这份出了错的材料，自然引起主管的不满，他将徐伟叫来，严厉询问造成失误的原因。结果，徐伟害怕担责任，一时鬼迷心窍就把责任推给了郑军。当郑军出差回来后，自然受到了主管劈头盖脸的训斥。

主管的批评，让郑军一时摸不着头脑。多方打听，才明白了事情原委，于是急忙向主管解释，这才消除了误会。这件事，自然传到了徐伟的耳朵里。徐伟非常惭愧，可是又不好意思找郑军道歉，只得每天躲着郑军，生怕两人一见面就尴尬。

郑军知道后，主动找到徐伟，对他说："小徐，那件事，就让它过去吧，别太在意了。"

郑军的大度，让徐伟十分感动。从此之后，他将郑军看作大哥，言听计从。几年后，两人共同奋斗，成就了一番事业。

在大家看来，徐伟太"不地道"了，害郑军无端挨了主管一顿臭骂，又大费周章才把事情摆平。如果郑军从此把徐伟当小人看待，老死不相往来，又或者进行道德谴责和人身攻击，那两人的关系就会彻底破裂，这种情形对郑军显然是不利的。所以郑军并没有这么做，而是主动原谅了对方，徐伟也早已对自己的行为心生愧疚，能得到郑军的原谅，自然十分感激，两人的关系因为这次波折，不仅变得更加牢固，也对彼此的工作非常有利。面对冲突，郑军表现出了自己的涵养，而这种涵养在未来的工作中也发挥了积极作用。

常言道："爱你们的仇人，善待恨你们的人；诅咒你的，要为他祝福，凌辱你的，要为他祷告。"与其把时间和精力用来憎恨、仇视和报复，不如一笑泯恩仇，化干戈为玉帛，避免更多的麻烦，节省更多的精力，才能全身心地投入到自己的事业与发展之中。太过计较，只会给自己树立敌人，涵养可以为未来的发展铺就更宽阔的道路。

第二次世界大战刚刚结束，英国举办了一场宴会，为一位战争英雄授予爵士勋章。戴尔被邀请参加。宴席期间，一位声名显赫的先生讲了一段幽默的故事，并引用了一句话，大意是"谋事在人，成事在天"。那位健谈的先生随后补充道，他所征引的那句话出自某一部著作。

听到这位先生如此说，戴尔笑了起来。因为他知道，这位先生说错了。那句话出自莎士比亚的剧本，他还清楚地知道那句话出自哪一幕的哪一场。

戴尔按捺不住自己的情绪，当场纠正了他。那位先生立刻反唇相讥："什么？出自莎士比亚？不可能！绝对不可能！"

戴尔有些不屑地说："如果你不相信，可以问问坐在我旁边的这位先生，他是我的朋友法兰克。他研究莎士比亚的著作已有多年。"

谁知，法兰克并没有站起来，而是踢了戴尔一脚，低声说："你错了，这位先生是对的，正如他所说的那样，是出自那部著作。"

戴尔茫然地看着法兰克，不知道他为什么要这样做。宴会结束后，戴尔私下里问法兰克："你明明知道那句话出自莎士比亚，你为什么要撒谎？"

法兰克回答："没错儿，我当然知道。那句话出自《哈姆雷特》第五幕第二场。可是亲爱的戴尔，我们是宴会上的客人，为什么要证明他错了？那样会让他喜欢你吗？为什么不保留他的颜面？他并没问你的意见啊，他也并不需要你的意见，为什么要跟他抬杠？要记住，永远避免跟人家正面冲突。"

戴尔一听，顿时愣住了。他这才意识到，为什么后来那位先生几乎不和自己说话，甚至许多人都对自己投来了异样的眼光！

人的一生中，难免会遇到难堪境遇，自己偶尔"糊涂"一下，做点儿"退却姿态"，让对方保留颜面，给别人机会，也就是给自己更多机会。很多人可能会像戴尔一样，习惯针尖对麦芒去探讨一个问题的真伪，而他的朋友法兰克就要成熟很多，他知道这样的争辩并不适合这个场合，他懂得给对方留有余地是最好的处理方法。这样的经历让戴尔很受启发。

对我们来说，人情世故是一门很重要的课程，要想学好它，就要花费一些精力，培养自己的涵养，让自己多一些包容，多一些忍让。最终，涵养不仅可以帮助你获得事业的长足发展，还会给你带来良好的社会声誉。

以积极的态度面对生活

每个人都会经历失败与挫折，每个人也会产生消极的情绪，但只有内心强大的人，才能从消极中走出，从失败中走出，再次获得奋斗的勇气。在我们的生活里，必然会有坎坷，但是在人生的字典里，绝不能有"消极"的概念，必须承受命运的磨炼，必须以积极的态度去面对生活，必须以动态角度看待事情的未来发展，才能使自己的人生渐入坦途。

我们一定要打败性格中那个"消极"的自己，以积极的态度去面对未来的生活。无论你曾经是如何的伟大，今日处境是如何不堪，仍然要保留自己的信念，看到对未来的希望。只有在这种信念中，才能找到未来发展的契机，才能展示出个人力量的强大。

从消极的人身上，只能感受到落寞与哀叹，即使出于同情，人们也会下意识地回避他们；相反，从积极的人身上，总能感受到奋斗的热情，对于这样的人，人们也更愿意与他们多接触。

被消极情绪所掌控的人，他们只是无力地随着时代与环境的变迁得过且过，世界不会注意到他们的存在，也不会听到他们发出的声音，在他们的眼中世界呈现一片灰色，毫无生机。消极最终不会影响世界的改变，但会影响那些持消极信念的人的人生轨迹。

关于消极，相信没有任何一个故事能超越"四面楚歌"。在故事中我们既感叹一个英雄的末路，也感叹一个人的消极会如何决定他的命运。

公元前202年，项羽和刘邦约定以鸿沟东西两边作为界线，互不侵犯。

后来刘邦听从张良和陈平的计策，认为应该在项羽衰弱的时候消灭他，就和韩信、彭越、刘贾会合兵力追击正向东开往彭城的项羽部队。

经过几次激战，最终韩信使用十面埋伏的计策，布置层层兵力，将项羽紧紧围在垓下。这时，项羽手下兵士已经很少，粮食也已用尽。

在夜间时分，项羽突然听到四面围住他的军队在唱楚地的歌谣，他大惊失色，心想："难道刘邦已经得到楚地？为什么他的部队里有这么多楚人在歌唱？"

想到这里，他的心里已丧失一半斗志，便从床上爬起来，在营帐里喝酒，以酒解忧，自己吟诗一首，曰："力拔山兮气盖世，时不利兮骓不逝。骓不逝兮可奈何，虞兮虞兮奈若何！"和他最宠爱的妃子虞姬一同唱和。歌数阕，项羽直掉眼泪，在一旁的人也都低着头哭泣，唱完，虞姬自刎于项羽马前。

项羽英雄末路，带了800余骑士突围，最终只余下28人。他感到无颜面对江东父老，自刎于江边，刘邦最终得到了天下。

项羽虽是盖世英雄，但面对绝境，并没有展现出对自己的信任，虽然也在努力寻求转机，但也只是在无尽地发泄自己心中的郁闷。他在诗中这样描述："时势对我不利啊，骏马不能奔驰，虞姬虞姬啊我怎样安排你！"消极之中，虞姬自刎面前，自己自刎乌江，而不是给自己留下发展机会，寻求东山再起的可能。其实这又何尝不是刘邦的计策，"不战而屈人之兵"，最终为自己成就帝王霸业扫平了道路。

这个故事告诫我们：世事发展，经常会超出人们的预料，在局势不利的情况下，不要悲观地等待，也许做一些尝试，就会有转机。也许自己的坚持，可以为自己打开人生另一扇大门。做人要勇于挑战自己，越是困境越要有积极的心态和坚毅的品格。以积极的心态面对生活，生活也许会给你一份精彩的回报；但如果以消极的心态面对生活，那么你只会断送自己的未来。

改变现状并不在于能力的大小、环境的好坏、机遇的多少，有时就在于我们能以什么样的心态去做人、做事。我们要放开自己，不断地去尝试，只有这样，才会发现不同的道路，发现自己的另一种潜力。只有遇事控制住自己的情绪，不乱发脾气，沉着稳健，才能成就大事，这样的人也必然为人们所欣赏。

无论境遇如何，都要以冷静的方式思考

英国前首相阿斯奎斯曾经说过："如果能由乐观的人打前锋，由悲观的人殿后，那这样的情形是再理想不过的事情。"

生活也是如此，如果能以乐观的态度对待生活，能以冷静的方式思考，那么生活就会保持最平稳的状态，也不会偏离理性的轨迹。依靠冷静低调的思考，可以看到欢喜之中所蕴藏的转机，也可以看到悲伤之中所蕴藏的契机，生活道路也就会走得更顺畅。

我们要不断增长自己的智慧，不断地学习，把握思考的不同角度，培养自己"不以物喜，不以己悲"的淡定情怀，如此才能够应对各种突发事件，也才不至于在鲜花和掌声中迷失自己。能够做到这一点，你必将是一个受人敬畏的人！

塞上有一位老翁，养了一匹很珍贵的良马，有一天不知道什么

原因，老翁的马不见了。这可是一匹宝马，众邻居听说后都为其感到可惜和悲伤，纷纷前来安慰老翁。而老翁反倒看得很开，他悠闲地说道："这又何尝不是一件幸运的事情！"邻居们都认为老翁是因为伤心过度才这样说的。

老翁丢马的事情已经过去几个星期，当人们逐渐淡忘时，这匹宝马却自己回来了，并且还带回一匹更漂亮的骏马。

邻居们心里都很为他感到高兴，纷纷前来向老翁贺喜，而此时老翁脸上却毫无喜色，他说道："或许这并不是一件好事。"

邻居们仍然无法理解。

他就像一个能预知未来的人，不幸的事情再次被老翁言中。在丢失的马回来几天后，老翁儿子骑上那匹带回的骏马，由于烈马难驯，老翁的儿子失足从马背上摔下来，断了一条腿。这真是一个天大的灾祸，他的损失要远比回来的那匹马大得多。

邻居们又纷纷安慰老翁，可令大家想不通的是，老翁再次面带微笑地对大家说："这又何尝不是一件幸运的事情！"大家疑惑不解，老翁儿子腿断了，他怎么还笑得起来。

幸运的事情果真又被老翁预料到了。在老翁儿子断腿后一年，胡人大举入侵，塞上的所有青壮年都被抓去当兵，死掉的有十之八九。只有老翁儿子因为腿残脚跛，没有去当兵，反而留下一条性命，所以能够留在家里陪老翁安享天年，一生平安无事。

老翁并不是真的能够预测未来，他所表现的，正是他对事情发展的一种冷静思考，在大家都认为是一件好事情时，他能从坏的方面考虑；当大家都认为是一件坏事情时，他又能从中找到有利的一面。

通常我们在喜悦时，会缺少一份应有的守候；在悲伤时，又会放弃某种机会。最终，当面对事实时，才发现自己缺少了应有的思考与应对，也才认识到冷静思考的重要意义。

得意的时候要保持低调，失意的时候依然要保持内在的信念。我们应该学会这一点，不管一件事的结果如何，都要坦然面对，做到冷静、理智、不失态。

有个英国人生来就没有手脚，但他却能像正常人一样生活，而且活得非常快乐。

出于好奇，有人曾拜访他，看他如何行动和生活，想要知道他如何保持快乐的心态。

在与他的交谈中，来人不禁为他睿智的思想、敏锐的见解和优雅的谈吐所折服，甚至忘了他是一个残疾人，更让人讶异的是，在这样一个上天对他不公的生命里到底蕴藏了怎样的性格，才使他如此强大。

他自己解释道，经历这样的命运，他也有过挣扎与选择，但一切终究不能改变，最终他战胜了自己的悲观，重新寻找生活的意义。正是这种经历，才使他更加珍惜当下的生活。

当今世界，在面对挫折和窘境时，更多人选择的是抱怨与放弃，抱怨为何别人的好运，从来不会落到自己头上；抱怨自身的命运如此没有希望。在我们遭遇挫折时，我们是否如这残疾人一般，在自己的不幸中，去寻找那些可能的希望？如果能学会这样认识问题，也许我们就可以超越自己，在转变认识后，寻找到新的发展道路。

面对问题，我们或许只发挥了自己四分之一的力量，在经过全面考虑后，其他四分之三的力量也许就会迸发出来，并因此为自己的生活与事业发展带来改变。

生活是美好而沉重的，人生有苦也有乐，它既是丰富多彩的，又是艰难曲折的。一味乐观或悲观并不能保证拥有成功人生，而保持冷静的态度却可以防止我们陷入负面的情绪中。冷静的思考者对待生活毫不放弃，他们会以更坦然的态度面对生活中的挫折，以无比的勇气去迎接生活的挑战。

蒙田说过："我们一定要逐渐学会忍受生活中无法避免的苦难。正如和声一般，我们的生活包括不和谐、和弦以及不同音调，有柔和的、粗糙的、尖厉的、平缓的、轻缓的等。如果音乐家只喜欢其中一部分，那他的歌唱是不完美的，他必须掌握所有内容，然后将它们有效地糅合，才能使他的音乐完整而动人。"

一个人要追求幸福的生活，必须学会冷静地思考。只有这样，即使身处绝境，也不会在压力中倒下；即使享有富贵，也不会迷失自己。

忍耐是一种
内敛的力量

力量,可以展现为一种外在的奔放,也可以展现为一种内在的收敛。我们在追求外在力量不断增长的同时,不要忘记这份内涵的培养。一鸣惊人的人,肯定是默默无闻地经历过一个相当长时期的积淀;要想拥有豁然开朗的境界,必然要经过一段异常艰难的时光。对于这段必须的经历,忍耐的力量就显得不可或缺。

美国南北战争中葛底斯堡战役爆发后第三天,全国各地洪水泛滥。南方军总司令李将军带着部队向南撤退。在波特麦边界,他们发现前方的桥梁被洪水淹没,后面还有乘胜追击的北方军队。李将军非常绝望。

但林肯非常高兴,他认为这正是消灭南方军的大好时机,于是下令梅德将军,让他马上进攻李将军的军队。

梅德将军在接到命令后,并未听从林肯的命令,而是召开了一个战前会议,为拖延时间不去进攻。

时间一经拖延,河水自然就退却了,李将军乘机逃回波特麦。

林肯非常气愤,大骂梅德将军:"你都做了些什么!我真不知道我该怎么说或怎么做你才能服从我的命令!在那种情况下,任何一个将军都能打败他。若当时我在场,我一定会亲手用鞭子抽你。"

林肯在气愤中给梅德将军写了一封措辞严厉的信，这是林肯一生中写得最严厉的一封信件。

"我敬爱的将军：我想李将军的脱逃带来的不幸，对你而言是不重要的。假如你当时按照我的命令把他们包围起来，李将军和他的部队早就成了瓮中之鳖，再加上前一阵子我们所打的胜仗，我想这场战争就算是结束了。然而从现在的形势来分析，我想战争还会再延续。针对那一天的情况，你只要用三分之一的力量就可以轻易地拿下他们，而你却没有如期完成，那么当你靠近南方且在更加恶劣的状况下，你又怎么能够完成我所交给的任务呢？你还指望我相信胜算如往昔一样吗？你的大好机会已经失去，而我对此感到十分痛心。"

林肯这封严厉的信会使梅德将军感到震惊和懊悔吗？

也许会。可是，梅德将军却一直没有看到这封信，因为林肯压根儿就没把这封信寄出去，这封信是在林肯死后才发现的。

人生在世，做人做事若能"率性而为"，那么人生也许不会有遗憾。可惜，人的一生中，总会遇到许多人际关系和事业上的不如意，这些不如意需要用智慧和耐心去解决，而不是靠一时的喜恶。

现实生活中，难免会有口角、争斗与矛盾发生，如果总是锱铢必较，我踩你一脚，你回我一拳，出言不逊，双方怒目相对，最后矛盾只会无限扩大，造成不可挽回的后果。不要等到那个时候，才后悔当初自己也许应该采取隐忍的态度，只要稍微忍耐一下，问题便会烟消云散，天地一片清明。这不仅是气度问题，更是一种内在的涵养与魅力。

苏格拉底的妻子是一个众所周知的悍妇，性格冥顽不化、心胸褊狭，稍有不顺就破口大骂，有时还会大打出手。

一次，苏格拉底正与他的学生一起探讨问题，他的妻子遇到一件事情，心里非常不愉快，忽然闯了进来，指着苏格拉底的鼻子就是一阵破口大骂，离开的时候，顺手端起一旁的一盆水，浇到了他的头上。

看到这种情况，学生们以为苏格拉底也会对他的妻子恶言相向，至少也会生气。不料，苏格拉底没有任何反应，只是颇为幽默地说了一句："我早知道打雷之后总是要下雨的。"然后继续和他的学生们讨论问题。

每个人都具有与生俱来的个性，性情或温和或暴躁，或沉稳或直爽，这就造成了每个人在面对同一事件时千差万别的反应，尤其是面对突然的变故、意外的打击或激烈的冲突时，人们的表现就更为不同。有的人可以泰然处之、不慌不忙，把悲伤和喜悦埋在心里而很少溢于言表；有的人则勃然变色、惊慌失措，或者气急败坏，做出令人意想不到的举动。前一种人是能控制自己情绪的人，他们已经学会了忍耐，就像苏格拉底；而后一种人他们对情绪不能控制，最终也不会带给他们好的结果。

忍耐是一种顾全大局的品质，不在小事上同别人斤斤计较，在事关原则的关键场合也会尽量求得事情的和平处理。懂得忍耐的男人，善于从他人的角度来看待纷争，具有理解别人、得饶人处且饶人的胸襟和气度；不会只考虑自己的尊严和毫无意义的虚荣，不会只站在自身的立场考虑问题，而是着眼于大局，为了求得长远的发展和融洽的人际关系而暂时隐忍自己受到的不公平待遇。他们不是软弱，而是大智若愚、大公无私。

包容可以使人路途顺利

要做一个有涵养的人，必须学会包容。或者说涵养本身就是包容的代名词，不经过包容的考验，又怎么能说这个人是一个有涵养的人？

生活中难免出现摩擦，工作中也会遭遇冲突，在这些情况下，更需要一个人具有包容的态度与豁达的品格，才能使事业顺利发展。

在关键时刻，挺直脊梁的人，往往是那些性格坚毅的人。比起那些柔弱的人，他们往往更能包容，往往有着更为高远的目标，也正是因为他们知道未来目标的重要性，才会更宽容。

对于一个绅士来说，他并不一定具有英俊的外表，但他彬彬有礼的态度、谦谦君子的风范，却总能赢得人们的好感。也许根本原因就在于，交往中他们懂得体贴对方、懂得包容，所以与他们在一起，人们总会感到身心愉悦。

杨翥邻居丢失了一只鸡，他叫骂着鸡被杨家偷了。杨家人气愤不过，把此事告诉了杨翥，让他去找邻居理论。

杨翥却回答说:"在这里,又不是我们一家姓杨,你怎么知道骂的是我们,还是随他骂去吧!"

还有一户邻居,每当下雨的时候,就会把自家院子的积水排放到杨翥的家中,使杨翥家就如同发大水一般,遭受水灾之苦。

家人把情况告诉了杨翥,他却反过来劝告家人:"总是下雨的时候少,晴天的时候多吧。"

时间一长,邻居们都被杨翥宽容忍让的态度所感动,纷纷到他家请罪,遇到什么事情也都来找杨翥定夺。

有一年,一伙贼人密谋欲抢杨翥家财产,邻居得知此事后,就主动组织起来,帮助杨家守夜防贼,最终使杨家免遭这场灾难。

包容对于一个人来说,也许一时难以做到,但也正是这种容忍的态度,才体现出一个人的可贵之处:懂得体谅他人。这就是最宝贵的品质。

在生活中,我们可能会经常遇到类似的情形,因为一些小的问题,双方发生争执,各不相让,甚至最后大打出手,而最终的结果显得有些得不偿失。但谦让就有可能让事情的发展完全不同。

对一个有追求的人来说,必须不断地修炼自己的心性,要能从更全面的视角看待问题,更好地处理所遇到的问题,才能拥有更为高尚的品格。

一个绅士要过一座独木桥,刚走几步便遇到一个孕妇。绅士有礼貌地转过身回到桥头,让孕妇先过了桥。

孕妇走过桥后,绅士再次上桥。走到桥中央时,又遇到了一位挑着柴的樵夫,樵夫挑着重担,绅士二话没说,又再次回到桥头,让樵夫过了桥。

第三次，绅士不贸然上桥，等独木桥上的人都过尽之后，才匆匆上桥。眼看就到桥头，迎面赶来一位推着独轮车的农夫。

绅士这次不甘心再回头，摘下了帽子，向农夫致敬，说道："亲爱的农夫，你看我就要到桥头了，能不能让我先过去？"

农夫不愿意，两眼一瞪，说："你没看我正推车赶集吗？"

两人话不投机，争执起来。这时河面漂来一叶小舟，船上坐着一个老者。老者刚好行到桥下，两人不约而同地请他为自己评理。

老者看了看农夫，问他："你真的很急吗？"

农夫回答："真的很急，晚了就赶不上集了。"

老者说："你既然这么着急，为什么不尽快把路让给绅士？你只要退几小步，绅士就过去了，绅士过了桥，你不就可以早点儿过桥了吗？"

农夫听后一言不发，老者此时便笑着问绅士："你为何要农夫让路，就是因为你快到桥头了吗？"

绅士争辩说："在此前我已给许多人让路，如果继续让农夫，我便过不了桥。"

"你现在不是还没有过去吗？"老者反问，"既然已给那么多人让路，再让农夫一次，又有何妨？即使过不了桥，最起码也保持了自己的风度。"绅士听后，满脸通红。

绅士是有礼貌的，因为他已经为妇人、樵夫和很多路人让路了，在最后的时候，似乎是命运的不公，在自己就要到达终点的时候，却有一位不肯礼让的农夫挡住了去路，因为自身的情绪，绅士不再让步。

农夫显得更为执拗一些，对方明明已快到桥头，他却不愿做出让步，他只考虑自己的事情。当老者出现的时候，两个人都开始反思自己。绅士要反思自己的包容，真正的包容是否能选择？为何对待其他人能包容，对待农夫却又不能包容？农夫却要学会包容，有时路途只有一条，只要双方有一个人能退让一步，事情就能得到顺利解决，如果不懂得包容，阻碍别人，那么也就是在阻碍自己前进的道路。

生活中，类似的情形总会重复出现，我们要不断让自己学会包容，因为只有这样才可以为自己和他人带来更多便利。

第二章

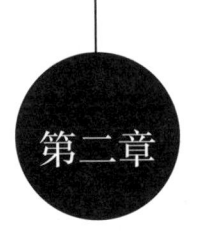

有格局者，
大事难事有担当

责任感是
不可或缺的品质

在电影中有这样一个情节，一个男人和一个女人在一起，用火柴摆出一个男孩和一个女孩的图形。女人问男人："为什么你摆的男人的肩膀这么宽，而女孩的肩膀却很窄呢？"男人回答她说："男人的肩膀是用来承担责任的。"

虽然只是一句简单的话，却能给人留下深刻的印象，在这种感触的背后，是人们对责任的认识和反思。

有责任感的人，才具有完整的性格，在责任的对比参照下，才能将自己的行为规范列入应有的模式，才能为自己的精力与生命寻找到寄托，释放自己生命的能量，去完成自己认为最有意义的事情。没有责任感的人，或者说还不清楚责任感是什么的人，他的性格还不完整，人生中必然充满质疑与选择，生活方向因为这种不确定性而充满各种反复与波折，心性缺少寄托，生命也没有目的地被浪费。最终，只有当一个人明确自己责任的时候，这一情形才有所终结，而之前所有的迷茫与尝试也才变得有价值。

一个有责任感的人，必然会获得社会以及他人的欣赏，这样的人能够给人安全感，他们也会获得更多的尊重；不能承担责任的人，即使他有着丰厚的财富，也不被信任，与这样的人交往，他们永远只考虑自己。因此，这样的人难以得到人们的尊重与认可。

在美国电影《铁拳男人》中塑造了这样一个男人的形象，在美国经济大萧条的时代背景下，这个男人为了养得起自己的妻子和儿子，不得不一次次走上拳击场，在拳头与泪水中坚守自己的责任，为自己的家庭谋取生存的机会。

拳击场是一个充满喧嚣的地方，在给别人带来刺激与快乐的同时，只有自己去面对其中的艰辛与苦痛。为了获取微薄的收入，他紧紧抱住对方，以拖延时间；为了能够抚养孩子，给家庭提供足够的食物，他只能带着满身的伤痛，一次次走上拳击场。他曾一次次负伤，也曾一次次流泪，不过他从来没有放弃自己的生活，用生命谱写了一个感动世人的故事。

美国经济大萧条时，各种资源匮乏，工作机会非常稀少，在这样困苦的环境中，却是考验一个男人品质的时候。他们有着最为强大的力量，也承担着最为沉重的责任，在困苦的环境中，他们没有丝毫的放弃，反而更显出他们内在的宝贵品质。这样的男人为人们所尊重，为人们所欣赏，他们的故事，也成为最好的电影题材，不断激励人们去探寻自己在生活之中所承担的责任。

人要想成就自己的事业，要在社会中有身份与地位，就必须认识到自己的责任，只有明白自己的责任并能够担当，才能为社会和他人所认可。

张青毕业于北京某大学新闻专业，他形象不错，一毕业，就被北京一家知名报社录用了。但是，他有一个毛病，做事一遇到困难，就找借口推卸自己的责任。

刚开始，大家不是很了解，在张青出现困难的时候，都会伸出援手，可时间一久，他的毛病就彻底暴露了。上班经常迟到，和同事一同采访时，也是丢三落四，没有一个员工愿意跟他合作。对此，领导也找他谈了好几次，他总是以这样或那样的借口来搪塞。

一天，报社里的同事都出去了，只有领导跟张青在。这个时候，一位热心读者打来电话说在一个地方有特大新闻发生，请报社派记者前去采访。领导看办公室里只有他一个人，没办法，只有派他独自前往。可没多久他就回来了，领导问他采访情况，他却说："路上遇到堵车，一堵就是半个小时，我算了一下时间，等我赶去，早已有别的新闻单位在采访了，我估计没什么新闻价值了，就回来了。"

领导非常生气，"你这算什么理由？北京交通堵塞很正常。难道你不能想想别的办法吗？那为什么别的记者就能赶到呢？"

张青红着脸争辩："路上交通真的很堵，天又这么热，我对那里又不熟悉，身上还背着这么多采访器材……"

领导心里更有气了，心想：我让你去采访，不但没把任务完成，还找这么多借口，那以后还怎么让你工作。于是说道："既然这样，我们单位不适合你，因为我们单位不需要完成不了任务还有满嘴的借口和理由的员工。尤其是新闻工作者，讲究的是及时性，一旦接到任务，不管有多么艰巨，都要想方设法把任务完成，这是从业的基本素质。"

就这样，张青失去了令人羡慕的好工作。张青因为习惯找借口的毛病，最后被职场淘汰。他虽然为自己的不足找到了理由，但这样的理由是不能被别人所接受的，就如同掩耳盗铃，所能欺骗的只是自己而已。如果他不改掉这个坏毛病，不管他找多少工作，最终都会遭遇被淘汰的命运。

一个人如果认识不到自己身上所承担的责任，那他就很难在社会上立足，就像故事中的张青那样，即使他有着出众的才能，但因为缺乏责任意识，最终必然会被这个社会所淘汰。责任是每个人性格中不可或缺的一部分，缺失了它，自己的生活也就会变得不再完整。

责任会伴随每一个人生命的始终，渗透到生活的每个细节。勇于承担责任是一种美德，也是一个人取得成功的前提。勇于承担责任，能够让我们保持最佳状态，精力旺盛地投入到工作中去。在我们面对逆境时，它也可以让我们坦然面对，并努力追求辉煌的成就。因为这份责任，人们能明晰自己在社会中所扮演的角色和发挥的作用，从而赢得大家的敬佩。

有诚信的人
才能在社会上立足

子曰："人而无信，不知其可也。"意思是说，人若不讲究信用，便在社会上无法立足，最后什么事情也做不成。

对于"诚"，宋代理学家朱熹这样解释："诚者，真实无妄之谓。"

他认为"诚"是一种真实不欺的美德。要求人们说真话、做实事，做到真实可信，反对欺诈与虚伪。

关于"信"，《说文解字》中标注为"人言为信"，北宋理学家程颐将其解释为："以实之谓信。"要求人们说话诚实可靠，忌讳假话、大话、空话，同时要求做事也要诚实可靠，"信"的基本内涵就是信守诺言、言行一致、不欺人。

在社会交往中，如果一个人能做到诚实有信，有所担当，以诚待人，谨言慎行，那这个人必然会为社会所接纳和尊重，必然会被给予更多的信任。

一个没有诚信的人，即使他有着舌灿莲花的口才，有着俊朗的外表或是显耀的家世，当别人发现他是个不守信用的人，最后只会敬而远之。为此，人们在交往中非常注重对方的诚信品质，同时也珍惜并尊重这种品质。

大多数人，在社会中更多扮演的是承担者角色。只有对自己行为负责的人，只有言语与行为能够保持一致的人，只有在性格中展示出诚信的人，才能被大家所尊重、所信任。

我们要想在社会中立足，就必须树立自己的威望，维护自己的信誉，而所有这些都是以担当为基础的。生活中，我们必须去寻找自己的责任，承担自己的责任，并建立自己的诚信。以信任为基础，相信各项工作的开展也必然更为顺利。

三国时，诸葛亮四出祁山，兵马只有10万，当时情况非常不利，而对方司马懿有精兵30万。蜀魏两军对阵祁山。

就在这关键时刻，蜀军有1万人因服役期满，将要退役回乡，如果这1万人离去，会大大影响蜀军战斗力，这对战争最终胜负必然造成更大影响。这时将士们纷纷向诸葛亮建议：延期服役一个月，等大战结束后再让老兵还乡。而这些期满的士兵也忧心忡忡，认为大战在即，回乡的愿望恐怕要化为泡影。

诸葛亮却断然说："治国治军必须以信为本。老兵们归心似箭，家中父母妻儿早已望眼欲穿，我又怎能因一时需要而失信于民呢？"

诸葛亮下令各部，让服役期满的士兵速速返乡。接到诸葛亮的命令，老兵几乎不敢相信自己的耳朵，一个个热泪盈眶，激动不已，纷纷表示绝不在这关键时刻离开。"丞相待我们恩重如山，正是用人之际，我们要奋勇杀敌，以此报答丞相！"

老兵的激情鼓舞了士气，蜀军上下团结一致，斗志高昂，在形势不利的情况下击败了魏军。诸葛亮也以信带兵取得了以少胜多的骄人战绩。

作为普通人，面对这种情况，可能我们考虑的和众将士的想法是一致的，面临如此关键的战局，适当地挽留士兵是可以理解的，也是为大家所接纳的。但是，作为一个有远见的管理者，他发挥了担当的作用，并愿意舍弃一时的利益维护诚信。最终，回报以诚信的，是比之前更为卓越的战绩。

如果不去维护这份诚信，只是想办法挽留离去的士兵，相信大家不会产生异议，但无形中就会给自己造成负面影响。缺少诚信，老兵不会全力以赴，新兵也会质疑管理者的威信，最终，管理者的工作就会逐渐陷入到困境之中。

担当自己的职责是现代社会人际交往中最为重要的砝码，大多数的矛盾都能依靠诚信解决。只要做到真诚待人，就可以赢得良好的声誉，获得他人信任，将可能发生的矛盾化解在无形之中。

在现代商业竞争中，如果想要成就一份大业，必须要具备可靠的品质。应该看到在事业背后的责任，认识到这份责任，守护住这份诚信，才能在社会中立足，赢得他人的尊重，才能为自己各项工作开展打开最为有利的局面。

关键时刻
更要勇于担当

"做一个有信义的人胜于做一个有名气的人。"这是美国总统罗斯福说过的一句话。

担当是一种难得的品质。地位、财富、权力，很容易被时间冲刷掉外在的痕迹，而这种内在的优秀品质，那种富有责任感的担当精神，却可以在时间的打磨中越来越有光彩。同样，一个富有责任心的人，必定会受到更多的赞赏。

1835 年，摩根成为伊特纳火灾小保险公司的股东，因为这家公司不需要持现金入股，只需在股东名册上签名就可以成为股东，并履行股东职责，这种情况非常符合摩根没有现金却希望能获益的想法。

就在摩根成为股东后不久，一家投保客户发生了火灾，遭受巨大损失。按照规定，如果完全赔偿，公司就会破产，股东非常惊慌，纷纷要求退股。

经过再三斟酌，摩根最终四处筹款并卖掉自己的房子，收购了所有要求退股股东的股票，并将赔偿金如数付给客户。因为他认为自己的信誉比金钱更为重要，做人做事，这都是自己应当遵循的原则。

身无分文的摩根成为公司的所有者，但公司已濒临破产。无奈之下，他打出广告，只要到公司投保的客户，保险金加倍收取。

没有想到的是，保险金的提高，并没有减少客户，客户反而蜂拥而至。原来在人们心中，伊特纳已经是最讲信誉的保险公司，这一点使他的公司比许多有名气的大保险公司更受欢迎。火灾事件后，摩根损失了财富，但获得了比其他任何东西都珍贵的信誉保证，这也使他受到源源不断的关注与认可。伊特纳火灾保险公司从此崛起。

许多年后，摩根的公司已成为华尔街的翘楚。公司经营金融，这是一个充满风险、需要彼此深度信任的行业，但摩根依靠自己良好的信誉，开启了属于自己的金融帝国时代。而所有这些，都是从那一场火灾开始的，显然，信誉比金钱更有价值。

企业如果失去信誉，就失去了责任根基，就会失去自己的"上帝"；生意场上，如果不遵守诺言，不去履行自己的诺言，就会失去合作的伙伴。责任才是一个人能够成大事的根本，是一个企业在社会立足的根本。不论在生活上还是工作上，信用越好的人，就越能成功地打开局面。

法国作家巴尔扎克曾经说过："遵守诺言就像保卫自己的荣誉一

样。"在人们心里，守诺言、重信用的人往往也是一个有责任心、知书达理的正人君子，而只有那些虚伪圆滑的小人才会做出背信弃义之事。

吉姆开了一家电脑公司，他向顾客做出承诺保证当天送货。

一天，菲尼克斯城的一个用户急需重建数据库的计算机配件。吉姆知道后，想派人送去，可时间太晚，员工都下班了，最终，他决定自己去送货。

途中，他遭遇倾盆大雨，河水猛涨，封闭了沿途14座桥梁，交通阻塞，汽车无法行驶。按常理说，遇到这种特殊情况，吉姆完全有理由返回，但他没有放弃，最终巧妙利用存放在汽车里的一双旱冰鞋，滑到了目的地。见到用户后，又不顾疲劳，帮助用户解决了困难，用户大为感动。

这件事在当地引起了很大的反响，他也因此赢得了用户的信任，计算机的销售供不应求，吉姆的事业得以顺利发展。

担当的品质就是对他人负责，是忠诚的外在表现。人们在彼此交往中，信用很重要，一个讲信用的人，能够做到言行一致，人们可以根据他的言论去判断他的行为，因此他能得到更多的信任。

对一个不讲信用、出尔反尔的人，人们恐怕很难尊重他，与这样的人交往，总会产生很多怀疑，因而无法建立信任。一个守信负责的人，必然是一个有担当的人，他也会被社会所尊重和认可，这也是他成就事业的根本。

大量的成功学研究都表明：责任能够使一个人真正地明白人生和工作的意义，责任能指明一个人应该努力的方向。有责任感的人，在生活中，会积极地维持群体的稳定，展现更多的包容；有责任感的人，在工作中,也不会计较个人的得失,而会考虑自己的工作职责与群体的有效运转。最终,他们因为这份责任感,生活过得更幸福,工作也进展得更顺利。

要为自己的言行负责

人在社会中生存,最重要的就是对自己的言行负责。在人际交往中,只有对自己言行负责的人,才能得到大家的认可与信任,才能在社会中立足,发挥出自己的作用。

周成王,其父周武王死的时候,他尚年幼,由他的叔父周公旦代为摄政。

周成王幼年时,一天与自己感情非常要好的小弟弟叔虞在宫中的一棵梧桐树下玩耍。

忽然,一阵秋风吹过,树上叶子纷纷飘落。成王一时兴起,从地上捡起一片梧桐叶,把它弄成一个"圭",随手送给了叔虞,以开玩笑的语气对他说:"我要封给你一片土地,喏,你把这个先拿去吧!"叔虞听后非常高兴,欢欢喜喜拿着梧桐叶"圭",将此事告知了他们的叔父周公。

周公当时仍代幼年成王执政,听了叔虞的话,立刻换上礼服,赶到宫中去向成王道贺！成王当时不解，"叔叔，为什么要特地穿上礼服，赶来向我道贺？"原来成王早已将此事忘得一干二净，完全不知所以。

周公依然面带微笑，对成王解释道："我刚听说，你已经册封了你的弟弟叔虞！发生这样的大事，怎能不赶来道贺呢？"

"哦——那件事啊！"成王此时才想起来，忍不住哈哈大笑说，"刚才，我只不过是和叔虞闹着玩儿，并不是真要册封他呀！"

不料，话还没说完，周公立即收起笑容，严厉地对成王说："无论是谁，说话都要以'信'为重；贵为天子，说话更不能随随便便，如此，你才能取信于民！倘使你总是罔顾信义，将自己说出口的话视为玩笑，这样，你还有资格做一国的天子吗？"

周公之言，令成王深感惭愧，于是，成王立即决定，将叔虞册封于唐地！

坚守诚信不仅是一个人的立身之本，更是一个国家的立国之策。

作为一个普通人，也许没有必要像君主一样，以如此绝对的态度要求自己的一言一行，但这不表示可以不遵守诺言。我们身上背负着更多的责任，追求事业、孝敬老人、养家糊口等等，因为担子沉重，更要遵守诺言，如此，才能取信于人。

曾有一只山雀飞到海边，大言不惭地说要把大海烧干！

全世界对山雀的狂妄自大议论纷纷。在海神的京城里挤满了好奇的居民；成群结队的鸟儿纷纷飞往海边；森林里野兽也纷纷地向这里跑来。大家都想看看海水是怎样燃烧的。

有一个好吃懒做的家伙，手里拿着一把银汤匙，跟着人们来到海边，他要享受美味无穷的鱼汤。他说，这样的筵席，即使百万富翁，恐怕也不曾享受。

人们挤到一块儿，张大嘴巴等待着这一奇观的出现，人们默默凝视着海洋。

"你瞧！你瞧！快看海沸腾了！快看海着火了！"

"不对！海在燃烧吗？不，没有燃烧。海发烫了吗？没有！"

吹牛的山雀，结果如何呢？我们的"英雄"羞愧地逃回了它的巢。

做人千万不能图一时的畅快而忽略客观的真实，否则最终只会变成这只羞愧的山雀。在生活中，其实有很多这样类似的情形，有人为了炫耀自己，追求别人的赞赏，过分夸大事实，最终不仅不会博得别人的欣赏，反而会成为他人的笑柄。

当今世界，信息飞速发展，自己的言行举止能很快被他人和社会知晓，因此我们更应该做一个重守承诺的君子，而不要做一个只会说大话空话的山雀。

要担当起
对父母的责任

人的一生既要担任多种角色，又要承担各种责任。其中，最不容置疑和不可推脱的，就是赡养父母。"孝"教会我们如何做人，如何尊敬人，如何与长辈、老人相处，"百善孝为先"，学会尊重自己的父母，才会去尊重社会中的其他人。中国有着非常深厚的重孝文化底蕴，一个孝敬父母的人会被人们称道、尊敬，对于不肖子孙，人们常常会行以道德与舆论的谴责。

在中国传统文化中，流传着许多关于"孝"的故事，元代郭居敬编录的《二十四孝》最具有代表性。这里讲述的是一个关于《百里负米》的故事。

仲由，字子路，春秋时期鲁国人，是孔子的得意弟子，性格直率勇猛，对待父母十分孝顺。

子路早年家穷，自己常常采野菜为食充饥，却从百里之外负米回家侍奉双亲。

父母去世后，他做了大官，奉命出使楚国，随从的车马有百乘之众，所积的粮食有万钟之多。

仲由坐在垒叠的锦褥上，吃着丰盛的事物，心里却常常怀念双亲，慨叹说："即使我想再次吃野菜，再次为父母亲去负米，哪里又再能得到机会呢？"

孔子赞扬他说："你侍奉父母，可说是生时尽力，死后思念啊！"

子路性格勇猛，无所畏惧，但对于自己的父母，却总有无尽的牵挂。生活困苦的时候，他能够步行百里，为自己的父母负米而来；在父母去世后，依然对他们追思，由此显示出他对父母"孝"的责任，而这也是孔子对他赞赏与认可的原因。正是这种对"孝"的坚持，对父母赡养的责任，为子路树立起崇高的社会威望。

当今社会，"孝"也是我们热烈讨论的一个主题。也许有人认为，现代社会，情形已不同，不需要我们如此竭尽全力去履行对父母的责任，面对观念的改变，在每个人的内心都会思考如何继承传统品质。但是不论生活如何改变，父母对我们的关爱与付出仍然没有变化，这份情感没有变化，我们的责任也不能变，给他们提供安逸与舒适的生活环境，对他们进行精神抚慰仍是每个人必须尽到的职责。

在朱自清最著名的散文《背影》中，描写了在站台上儿子与父亲的一次告别，虽然事情很普通，但给人们留下了深刻的印象。故事发生的背景和当今时代已经完全不同，但我们依然能感受到那份情感的真挚，这篇文章能够如此引起人们的共鸣，也恰恰说明父亲的关爱与儿子的感动是生活中永恒不变的主题。

他嘱我路上小心，夜里要警醒些，不要受凉。又嘱托茶房好好照应我。我心里暗笑他的迂；他们只认得钱，托他们真是白托！而且我这样大年纪的人，难道还不能料理自己么？唉，我现在想想，那时真是太聪明了！

我说道："爸爸，你走吧。"他望车外看了看，说："我买几个橘子去。你就在此地，不要走动。"走到那边月台，须穿过铁道，须跳下去又爬上去。父亲是一个胖子，走过去自然要费事些。我看见他戴着黑布小帽，穿着黑布大马褂，深青布棉袍，蹒跚地走到铁道边，慢慢探身下去，尚不大难。可是他穿过铁道，要爬上那边月台，就不容易了。他用两手攀着上面，两脚再向上缩；他肥胖的身子向左微倾，显出努力的样子。

这时我看见他的背影，我的泪很快地流下来了。我赶紧拭干了泪，怕他看见，也怕别人看见。我再向外看时，他已抱了朱红的橘子往回走了。过铁道时,他先将橘子散放在地上,自己慢慢爬下,再抱起橘子走。到这边时,我赶紧去搀他。

他和我走到车上,将橘子一股脑儿放在我的皮大衣上。于是扑扑衣上的泥土,心里很轻松似的,过一会儿说:"我走了,到那边来信!"我望着他走出去。他走了几步,回过头看见我,说:"进去吧,里边没人。"等他的背影混入来来往往的人里,再也找不着了,我便进来坐下,我的眼泪又来了。

每个子女都承载了父母太多的爱。父母生养你、哺育你,努力地工作,为了让你过上更好的生活;他们是你人生的第一个导师,教会你这个社会生存的知识和技能,为了让你有一个好的生活与未来。总之,他们承受了繁重的劳动,他们也为此付出太多的精力。作为子女,特别是儿子,当有一天真正长大成人的时候,一定要体会他们的辛苦,要明白他们所给予的浓浓爱意,要用自己强有力的肩膀去撑起他们生活的一片空间,以回报他们曾经给予自己无私的付出。

一个人如果能认识到自己所承担的责任,并且懂得感恩,那么就必然会尊重周围的同事,懂得呵护自己的朋友,懂得感恩这个社会。有这份责任意识的人,必然也会被整个社会所欣赏和接纳。

家庭的承担是
我们奋斗的不竭动力

"对男子来说，社会是战场，是令人不断处于紧张状态的舞台，而家庭则是心灵唯一的绿洲和安憩之地。"这是日本著名教育家、社会活动家池田大作的一句名言。

在社会中，婚姻和血缘成为人们联系的纽带，家庭就是社会结构的基本单位；在家庭中，我们有自己的父母、子女及其他亲属，我们在家庭中获取成长的养分，获取情感的慰藉。家，是每个人心灵最重要的寄托，为了家庭，我们也应该付出自己最大的努力，以维护家庭的平静，并创造家庭的幸福。

在一个家庭中，男人往往会被视为顶梁柱，一个家庭也会因为男人的行为而出现盛衰变化。若男人具有崇高威望，这个家庭乃至家族都会感受到荣耀，若男人拥有卓越能力，那就有可能为这个家庭带来丰裕的物质生活；反之，如果一个男人遭受命运的波折，那么整个家庭可能也会因此衰败。

一个有责任心、有担当的人，应该乐于把家庭幸福作为自己人生追逐的目标，给家人创造更好的生活，给家人以最有力的保护。但是也不能因为忙于事业而忽略对家庭的照顾，逃避对家庭所应承担的职责。

祝强一家四口，自己在外企工作，母亲已经退休赋闲在家，妻子是一个小学老师，儿子聪明可爱，一家人生活得其乐融融。

可不幸却降临到这个家庭。祝强工作忙，平时总是加班，可最近总感觉提不起精神，当时也没放在心上，感到严重时，到医院一检查，才知是患了肝癌。

听到这个消息，全家人急得焦头烂额，倾尽全力四处求医问药。祝大妈为此一病不起，突发脑溢血去世。儿媳妇也因操劳过度患上轻微精神分裂，最终不得不休假在家。

祝强后来回忆说："在这个时候，我才感觉到自己身上承担的责任，我希望自己能尽快好起来，去承担起这个家的重担。"

庆幸的是，祝强的情况得到有效控制，全家人在看到希望之后，又重新对生活充满了信心。

每个人都有自己的家庭，每个人也都对家庭承担着一份责任，但有时生活的平淡可能让我们忽略了身上所承担的责任，当生命轨迹发生一次转折，就会让我们认识到自己对一个家庭的重要性，处在风雨之中，也才明白在自己身上所承担的是一个家庭的幸福。正如祝强突患重病，让他认识到他对一个家庭的担当，遭遇到危难的情形，没有他的支撑，这个家就变得七零八落，一次遭遇让他明白自己对于一个家庭的重要性，找到了自己奋斗的最根本动力来源。

生活中，我们可能太关注自己的工作，太关注自己的前程，有时会忽略了对家庭成员应有的关心与照顾，直到有一天，陷入到情感的困境中，才发现家庭对于自己的生活有着如此重要的作用，它应成为我们拼搏与奋斗的动力，而不应成为我们事业奋斗的障碍与牵绊。认识到家庭的担当对自己生活的重要性，才能为自己的事业奋斗寻找到更多的动力，一个懂得为家庭而担当的人，才会开创更大的事业，这样的人才最为大家所欣赏。

一个已婚人士，谈起了他中年经历的一次婚姻危机。

婚后的前10年，他满脑子想的只是工作，工作，再工作。他一心想拥有好前途，白天围着领导转，晚上在办公室加班，就是节假日也不停歇。没有什么爱好，也没有什么娱乐，最大的爱好就是和朋友、同事一起抽烟、喝酒、侃大山。那些年，因为应酬多，回家吃饭的时间越来越少；有时候和家人一起出去游玩，也是心不在焉，让他们自己去玩，自己在一旁抽烟，继续考虑工作上的事情；回家的最大享受就是放松四肢睡大觉。

有时也觉得在感情上亏待了家人，但转念一想，自己这么奔前程也是为了他们好，认为再过几年就能混出个人样儿，认为孩子有妻子照顾，家里有妻子照料，不愁吃穿，应该没有什么欠缺的地方。

但是随着时光流逝，他发现妻子不再唠叨，孩子渐渐长大，也不再对他这个父亲依赖，他们似乎习惯了没有他的生活，最终妻子有了外遇，提出离婚。他当时不明白，自己的努力都是为了这个家，妻子怎么舍得丢掉这一切？而妻子却说他太自私，妻子无法忍受丈夫对自己和孩子的冷漠，妻子需要一个家庭的温情，而这些，都不是丈夫能给予的。

在这个时候，他才认真地去思考家庭和事业的关系，自己逐渐认识到，家庭才是自己事业的根本。最终他毅然放弃了自己的工作，将自己的生活重心放在对家庭的责任承担上，当然，他也挽回了家庭，现在，也正在为家庭的幸福而努力奋斗着。

事业是证明一个男人价值最好的方式，但同时也不要忘记，家庭才是我们承担职责的根本，这里有我们最亲近的人，这里有我们所应承担的重要职责。认识到这些，才能将事业与家庭的关系很好地处理，也才能为我们的事业奋斗获取最为充足的动力。

责任感是通往成功的一条捷径

　　责任心，是一个老生常谈的问题，但又是一个人立足社会的根本。责任所建立起的是一个人与社会的紧密联系，只有有所担当的人，才能在社会中扮演好自己的角色。因为每一个职位，都是对企业、对社会的一份承担，要想获得他人的认可，就一定要勇敢担当起自己的职责。

　　李楠从北京一家服装设计学院毕业后，在一家服装设计公司做设计师，之后开始独自创业，成立了服装设计工作室，专门给白领设计服装。由于他设计的服装很能合顾客的心意，价格又便宜，因此很多人找他设计服装。

　　一天，一位妇人来到他的工作室要他为自己设计一套晚礼服，准备去参加一个重要的晚会。李楠完成后发现做好的衣服比实际要求长了半寸。但客人马上就要来取这套晚礼服，李楠已经来不及修改了。

这位女士如约来到李楠店中,穿上晚礼服在镜子前照来照去,感觉很满意,并按说好的价格要付钱时,李楠却坚决拒绝了。

妇人有点不解。李楠解释说:"太太,由于我把礼服袖子做长了半寸,所以,我不能收您的钱,如果您能再给我一点儿时间,我非常愿意把它修改到您要求的尺寸。"

听了李楠的话后,妇人表示她对晚礼服很满意,并不介意那半寸。但不管妇人怎么说,李楠无论如何也不肯收她的钱,最后这位妇人只好让步。

在参加晚会的路上,妇人对丈夫说:"李楠以后一定会有一番作为。他的认真跟责任心是很多人无法企及的,如果他能一直这样,认真地保持三年,我打算为他投资。"

一晃三年过去了,在这三年时间里,李楠依旧保持自己高度的责任心,在服装圈里小有名气。那位妇人也没有食言,在李楠准备创建第一家服装设计公司的时候,她果断向他投资了500万元。

李楠,拒绝的是钱,获得的是别人对自己的认可,在职场中,这份信任比钱要重要得多。钱有来有去,损失了一次,还有下次赚钱的机会,但如果不能和客户之间建立信任,那自己所损失的,可能就是未来发展的无限可能。要想获得对方的认可,就必须展现出自己对工作负责任的态度,自己要做好工作中的每个环节,以严格的标准来要求工作的各个方面。只有认真、负责的态度,才能使自己的工作被对方所认可。

责任心可以激发一个人的潜能,可以防范工作中的隐患,可以让一个人更快乐地工作，也会让一个人更快捷地取得成功，这在李楠的故事中得到了充分体现。

琼斯是一名英国记者，一次，他去日本东京旅行，在当地克拉克百货公司买了1台唱机。他准备把这台唱机寄回伦敦送给外婆。销售员彬彬有礼、笑容可掬地把一台尚未启封的机子给他，然后，他拿着机子回到住处。

当他在住处打开包装盒试用时，忽然发现机子里缺少内件，这就表示这台唱机根本无法使用。琼斯气得火冒三丈，他准备明天一早就去找百货公司交涉，并还写了一篇名为《笑脸背后的真面目》的新闻稿。

第二天一早，他正准备出门去找百货公司理论，打开门却看到克拉克百货公司经理和拎着大皮箱的职员站在门外，他们正准备按门铃。

琼斯让他们进了客厅后，两人立刻俯首鞠躬、连连道歉，琼斯搞不清楚克拉克百货公司是如何找到他的。原来职员在下午清点商品时，发现将一个缺少内件的货品卖给了顾客。职员马上把这事向总经理做了报告，总经理觉得此事非同小可，召集有关人员商议，怎么把货品追回来，以挽回顾客的损失。

那天在商场买唱机的人有12个，他们逐个联系，最后才确定是琼斯买的那件唱机有问题，可琼斯只给他们留了自己名字跟一张英国快递公司的名片。

要找到琼斯无异于大海捞针。不过他们没有放弃，他们向东京各大宾馆查询，没有结果。后来，打电话给英国快递公司的总部，从那里知道琼斯在英国父母的电话号码。接着，打电话到英国，得知琼斯在东京的电话号码，终于找到琼斯的落脚地。

这期间，他们共打了36个紧急电话。找到琼斯后，把一台完好的唱机外加唱片1张、礼品1盒奉上，并再次表示歉意后离去。

克拉克百货公司的行为，让琼斯很感动，他立即重写了新闻稿，这次的题目是《36个紧急电话》。

发现问题后，克拉克百货公司没有以消极的态度对待，更没有说等顾客发现问题后，会自己找上门来，而是以积极的态度，通过排查，去解决问题。一次失误，最终却成了展示自己责任心的机会。

克拉克百货公司，并没有因为自己的担当遭受什么损失，却因为担当获得了大家的一致赞扬。像克拉克百货公司这样的企业，拥有着一批有担当的员工，发展壮大也是自然而然的事情。一个有着强烈责任心的人，也必然是企业最需要的人才，这样的人在生活中，也同样会被人们所爱戴。

西点军校有句名言："没有责任感的军官不是合格的军官。"同样，没有责任感的员工也不是合格的员工，没有责任感的公民也不是一个好公民。永远记住，这是你的人生！这是你的工作！这是你的责任！

担当决定了
一个人事业的高度

谁要想做出一番轰轰烈烈的事业，必然会面临各种考验，比如：资金的匮乏、技术的不足、市场的变换等。面对困难，我们总是想方设法解决，但在所有的考虑中，千万不要忘记担当的作用，也许它才是一个人事业长远发展的"定海神针"。

也许有些人会说，要想谋取事业的成功，一定要首先打好自己的小算盘，这样才能保证自己立于不败之地。但如果能从更长远的角度来看待事业的发展，以更宏观的视野对人生轨迹进行分析，不难看出，事业的大小与一个人对社会所作出的贡献紧密相关，只有那些能够服务于社会，并取信于社会的人，才能获得最好的发展。

陶四翁在镇上开了个染布店，他品性忠厚，做生意讲信誉，在镇上有口皆碑。

一天，有个人来推销染布用的原料——紫草，陶四翁看到货品不错，没有考虑太多，用四万元买下了这批紫草。

没过多久，一个买布的商人来店里进货，看到紫草，告诉他这些都是假的。陶四翁大吃一惊，不敢相信。商人教授陶四翁一些检查紫草的方法，陶四翁照方法一试，果然都是假紫草。商人说没关系，假紫草也可以用来染布，价钱便宜点儿在市场上也能卖掉。

第二天，商人再来进货，却发现那些紫草都不见了，原来被陶四翁一把火全都烧了。

其实，陶四翁并不富有，但他宁可自己受损失也不愿坑害别人，他还教导自己的后人，这是做生意必须坚持的原则。

虽然遭受了一时的损失，但没过多久，陶四翁的生意就发生了转变。因为这份难能可贵的诚信，人们都愿意到他这里买东西，认为他的品质有保证，最终，他的生意越做越大，成了富甲一方的大商人。

当陶四翁知道自己进了一批假货后，首先想到的是个人的担当，而不是个人得失，他宁愿自己受损失，也不愿让客户受到损害，他所维护的是自己在这个行业的信誉。在这一份担当中，更能体现他的智慧，因为如果大家都认为你是一个有担当的人，那么就会对你有更多信任。一个良好的口碑，对于做生意而言，无疑是最宝贵的财富——它可以带给你源源不断的财富。陶四翁的事业发展所得，已远远超出他的那些损失，如果他当初选择牺牲他人来保全自己，那他所失去的要远远大于他所得到的。

李华利只是一名普通的理发师，他的店面开在一个不起眼儿的地方，但每日都是顾客盈门。

其实他经营的诀窍非常简单，他只是让大家相信，这里面有一位很好的理发师，并且总能把顾客的头发剪出最好的效果。因此，有许多人宁愿在路上多花一点儿时间也要来这里剪个好发型。不仅如此，这里的客人还向自己的家人和朋友推荐这家理发店，久而久之，理发店名声大振，成为这个城市中首屈一指的理发店。

李华利招收了一批小学徒。在教授技艺的过程中，李华利总是强调一句话：记住，每一剪刀下去都要负责任。但李华利对工作的态度似乎也有些偏执。

有一次，一位顾客来理发。李华利告诉对方，大概要用40分钟，对方没有异议。可是，剪到30分钟的时候，顾客接到一个电话，不得不马上走。李华利坚持说，必须剪完才能走，不然，会影响整体效果。

顾客非常生气，但李华利就是不肯放他走，再三强调要对自己的工作负责。顾客没有办法，只能留在店里把头发剪完才匆匆离去。

从此，这位顾客再也没来店里剪发。不过半年后，他却突然又出现了，并且还带来了自己的朋友，他笑眯眯地对李华利说："上次发生了点不愉快，我曾发誓不来这里了。不过，后来我发现其他理发店都没有你们负责，现在，我和朋友就只认你这一家理发店了。"

人们总喜欢以成就的大小去衡量一个人事业的成功，但每个人都有不同的情况，事无大小，其实只要全力以赴做好每一件事情，就会走向成功。不要奢求每个人都做出惊天动地的事情，只要在自己的岗位上履行好自己的职责，就已实现自己人生的最大价值。

俗话说："是金子，到哪儿都会发光。"工作并没有尊卑之分，有的只是自我的认知不同。承担自己的职责，从平凡的工作中去创造属于自己的辉煌。

责任是一种生活态度，没有担当的人，也就不能找到自己生活的寄托；没有担当的人，生活就显得太过随意，生命就显得太过轻浮。

一个年轻人,要想找到自己的担当,并不是一件容易的事情,他要认识到承担责任对于生命的重要,认识到自己存在的价值,要找准自己的角色定位。在逐步的摸索与尝试中,不断地协调与父母、与家庭、与同事、与社会的关系,从而发挥出自己的作用。

第三章

有格局者，
顺境逆境有胸怀

得意时
不妨低调一点

美国汽车大王福特曾经说过:"一个人如果自以为已经有了许多成就而止步不前,那么他的失败就在眼前了。许多人一开始奋斗得十分起劲,但前途稍显光明后,便自鸣得意起来,于是失败立刻接踵而至。"

逆境,考验的是一个人的承受力以及对目标的坚持;顺境,考验的是一个人的修养和胸襟。如果一个人在得意时忘乎所以,那么他所换来的只有旁人鄙夷的目光,高调和张扬,正是对自己最大的贬低。

我们要谨记:得意的时候低调一点儿,将自己位置放低一些,要尊重他人,客观地评价自己的实力。这样,顺境才不会束缚自己的手脚,不会成为走向失败的转折点。同时,低调更有利于人提升自己的影响力,"好"从别人的口中说出来,才是真的好,自我宣扬招来的永远都是吹牛和失态。

明朝有个人叫沈万三,是当时的全国首富。他家有田产上万顷,而且在四路八乡的城镇开设有许多的店铺。朱元璋定都南京后,准备重修都城。可是由于连年战乱,国库十分空虚,皇帝只好向几个大户借钱。财大气粗的沈万三当仁不让,主动表示承担二分之一的钱粮开销。

商人出身的沈万三自然有他的道理，自己这次出了大钱，而且是帮皇上的忙，这个功劳还小吗？如果能靠上皇帝这棵大树，名利双收指日可待。

沈万三的自我感觉好极了，得意之情溢于言表。当今皇上都得靠他接济，这是何等荣耀啊！他与皇帝的工程同时开工，结果沈万三先于皇帝完工，朱元璋很不高兴。

修筑帝都三年之后，沈万三觉得"不过瘾"，又申请由自己"掏腰包"犒赏三军。全国军队每人银子一两，总共近百万两。看到这种情况，朱元璋更难受了，他本来就出身贫苦，再加上心胸狭窄，终于因妒生恨："匹夫犒天子之军，乱民也，宜诛之。"从那时起，朱元璋下令收他重税，每亩九斗三升，相当于亩产的一半多。

沈万三认为，自己是修建首都的头号功臣，而且还给大明的军队花了那么多钱，皇帝怎么也得向他这个"土财主"表示一下谢意。可是他忘了那句话：功高盖主。

朱元璋看到沈万三比皇帝还富有，本来就很郁闷。后来又主动发钱犒赏三军，朱元璋不得不开始琢磨：花了那么多钱，会不会是想收买我的天下？就算你有再多的钱，我说句话就能给你安个乱民的罪名，把你的财富变成姓朱的！

朱元璋翻脸了，要不是马皇后求情，沈万三真的要人头落地，最后还是被发配云南，没收亿万家产。

曾经的荣华富贵一下子成了过眼烟云，一贯养尊处优的沈万三，根本受不了云南的凄凉清苦。身体上的折磨还是次要的，心理上的痛苦才让他不能承受，自己为了大明朝出了那么多的财力，最后却落得这样的下场。不出三年，沈万三就在愤懑抑郁中死去了。

好事儿没办好，还惹来了一身祸。这个结果谁都不能怪，只能怪沈万三自己太得意忘形了。皇帝缺钱的时候向你开口借，你给的钱比他借的还多；皇帝用来统治天下的军队，你却要去花钱犒劳。这么夸张的炫耀，这么盛气凌人，别说是一国之君了，就是普通百姓有几个能看得过去呢？

我们不能要求所有人都像古人所说的"无欲则刚"，但也并不能如李白的"人生得意须尽欢"。凡事有度，适可而止。"木秀于林，风必摧之""枪打出头鸟"，这些民谚都是古人留给我们的警示。

得意时，适当地保持低调。不仅可以为自己营造好的发展环境，还可以赢得人们的赞赏和钦佩。无论你有着怎样的优势，千万要收起自己的傲慢，保持低调。这样不仅不会为他人所"忽视"，反而会更被人"重视"。

在刘邦打天下的时候，曾问过韩信："我能带多少兵？"韩信回答说："10万。"刘邦又问他说："那你能带多少兵？"韩信却回答："多多益善。"后来，韩信带兵打仗，立下赫赫战功。然而，刘邦在赢得天下后，却在给韩信封侯后不久，下诏要杀掉韩信，分析其中原因，正是因为韩信的目中无人。

与韩信的态度不同，在历史人物之中也有很多功成身退的典范故事，范蠡就是其中的一个。

"卧薪尝胆"的故事为大家所熟悉，它讲述的是越国国王勾践励精图治，忍辱负重，最终复国成功的故事，而所有这些，都离不了范蠡在其中的帮助与指点。当复国大业成功后，范蠡认为再有功于越王，也难以久居。认识到"飞鸟尽，良弓藏；狡兔死，走狗烹"的道理。他深知勾践为人是"长颈鸟喙"，可共患难，难同安乐，遂泛舟齐国，隐名埋姓，带领儿子和门徒在海边结庐而居，垦荒耕作，兼营副业并经商，没有几年，积累了数千万家产。

范蠡仗义疏财，施善乡梓，他的贤明能干被齐人赏识，齐王把他拜为主持政务的相国。他喟然感叹："官能至卿相，治家能置千金；对于一个白手起家的布衣，已是极限，久受尊名，恐怕不是吉祥的征兆。"于是，才三年，他再次激流勇退，归还相印，再次散尽家财给知交和老乡。

这两个故事，展示的是两种截然不同的命运。虽然韩信这样的人算得上是个勇士，但他不懂收敛高傲。相比之下，范蠡以隐退方式给自己留下退路，敢于在得意时舍弃名利，隐姓埋名做个普通人。这样的人，这样的气度和魄力，更令后人钦佩。

懂得给他人
留一点余地

懂得坚持的人，才会有事业成功的可能，但在人际交往中，过分坚持，却也并不会产生好的效果。如果一个人总是锱铢必较，难免会给人留下不好的印象。事事变化莫测，也许今天得罪的人明天就会成为影响自己命运的人，多给对方留一些余地，也就给自己未来多一些"生"路。

面对对方的错误，面对额外的责任，应展现出非凡的胸襟，勇敢地包容和承担。因为这份广阔的胸襟，将赢得大家的信任；因为这份高贵的品格，将会给自己带来额外的发展机会。

"难得糊涂"是郑板桥说过的一句名言，他经历几十年风吹雨打，对人生进行思考领悟，才有这番总结。这份糊涂并不是真的糊涂，正是对人生深刻透彻的领悟，人情世故中，以一份包容的态度对待，才能更加洒脱自如地面对生活。

平定"安史之乱"有功的郭子仪很受唐代宗李豫的尊重，甚至后来李豫还把自己的女儿升平公主嫁给郭子仪之子郭暧。

不过，升平公主自幼刁蛮任性，经常跟驸马发生口角。有一次，小夫妻又发生了口角，面对公主的蛮横，郭暧实在无法忍受，抬手就给了公主一记耳光，恨恨地说："你倚仗你父亲是皇帝吗？我父还嫌做天子不好呢！"

升平公主没想到郭暧居然敢动手打自己，更没想到一向温文尔雅的驸马，居然说出这样大逆不道的话。顿时，她哭着回宫向李豫告状。

李豫听后，想了想，就对女儿说："驸马说的，可全是实话呀，他父亲嫌天子不好做，若他不嫌弃，谁也挡不住他，这天下，早就不姓李而要姓郭了。"

郭子仪知道自己的儿子打了公主后，马上把不懂事的儿子捆绑起来，送到皇宫来向皇帝请罪。

李豫看见这个场面，不禁哈哈大笑，然后对着郭子仪宽解道："他们小两口儿闺房里的几句戏言、气话，我们这些做长辈的何必当真呢！"

郭子仪感恩戴德，在之后的几十年里，为唐朝立下了不少汗马功劳。

唐代宗没有倚仗皇帝的身份去追究，而是以包容的态度处理冲突。给人留有余地，便是给自己方便。郭子仪感恩戴德，为唐朝立下汗马功劳。而小两口儿也重新过起了他们自己的生活。假如李豫一味地去追究郭暧的罪过，即使不会失去自己的江山，也会伤了老臣的心，总以苛责的态度去对待别人，江山必然也不会稳固。

现代社会也是如此。我们每天都会与人接触，有些是亲人或者朋友，有些是陌生人。交往中，难免产生一些摩擦，如果凡事斤斤计较，患得患失，结果只会越想越气，不仅伤害自己的身体，矛盾也得不到解决。遇事"糊涂一点"，自己可以省去不少烦恼、麻烦，对方也会心存感激，对自己产生更多的信任。

徐海刚刚大学毕业，就进入了一家大企业做销售员，他虽然没有多少经验，但特别能吃苦。

初进公司时，公司引进了一批新产品，每个人工作都很忙碌，但老板并没有考虑增加新的员工，很多时候，各个部门间的人员都是相互调配的。

可是，有几个人愿意拿着一份工资，却做两份工作呢？整个企业中，只有徐海接受老板的指派，其他人都是去一两次就提出抗议了。别人都说他"太傻了",可他总是微笑着说:"吃亏就是占便宜嘛!"

事实上,徐海也没有占什么便宜,因为他忙得像个苦力工一样。他之所以这样说,反映了他良好的心态。

就在他所谓"占便宜"的时候,公司的领导注意到了他,由衷地喜欢他,于是逐渐给他更多的机会使他把整个企业运作的流程都摸熟了。两年来,他的业绩一直是公司最好的。当时讥笑他的同事一个个都傻眼了。

工作中,如果总是对自己的工作斤斤计较,最后恐怕只会限制了自己的发展。不去承担更多职责,也就不会获取额外发展的机会。徐海虽然因为自己"太傻",承担了更多的责任,但是获取了更好的成长和发展的机会,最终他的成绩完全超越了那些不愿意承担更多工作的同事。为人处世,宽厚一些,自己的发展也就会更加有利一些。

我们走入社会、立足职场,要首先为自己创造一个有利的工作环境,宽阔的胸襟无疑是自己开拓人际关系最有利的策略。过分地狭隘,只会让自己的路越走越窄,而宽以待人,懂得给他人留一点余地,就会给自己的未来带来更多的发展空间。

在得失中
锻炼气度

做人一定要有气度，没有宽阔的胸襟，又怎么能包容他人的不同意见，又怎能包容事情的发展变化呢？在成长中，要不断地去修炼自己的气度，只有这样，才能使自己逐渐成长为一个成熟而稳重的人。

面对一个能够包容得失、进退有度的人，人们往往会给予赞许。

战国时，梁与楚交界，两国在边境各设界亭，亭卒在各自的地界里种了西瓜。

梁亭的亭卒工作勤奋，每日锄草浇水，瓜秧长势极好；而楚亭的亭卒生性懒惰，瓜秧又瘦又小。看到这种情况，楚亭人觉得没有面子，就乘一天夜空无月，偷跑过去把梁亭瓜秧全给扯断了。

第二天梁亭卒发现后，愤愤不平地报告给县令宋就，并建议把楚界的瓜秧也扯断好了！

宋就严厉批评他说："这样做太卑鄙！我们既然不愿他们扯断我们瓜秧，我们又何须去扯断人家瓜秧？他人不对，自己就不要再跟着学。对待别人，还是宽容一些为好。你们听我的话，从今天起，每天晚上去给他们瓜秧浇水，让他们瓜秧长得好，这样做的时候，千万不要让他们知道。"

梁亭卒听了宋就的话，感觉有道理，于是照办。楚亭卒发现自己的瓜秧长势一天比一天好，仔细观察后发现每天早上都有被人浇水的痕迹，后来才知道是梁亭卒在黑夜中悄悄过来浇的。

楚国县令听到亭卒报告后，感到十分惭愧又十分敬佩，就把这件事报告了楚王。楚王听后，感动于梁国人修睦边邻的诚心，备重礼送与梁王，以示自责和答谢，并由此促使两国成了友好邻邦。

楚亭卒的做法，并不难理解，同样都在种瓜，看到自己不如别人，就想略施小计，让对方也回到起跑线上，自己就会得到满足，然而，这样做只会让自己的名誉扫地。梁亭卒的做法出乎意料。宋就不仅不追究，反而以德报怨。面对得失，他以宽阔胸襟去对待和处理，使楚亭卒悔过、惭愧，甚至使楚王都为之感动，最终成为两国缔造和平的契机并千古传颂。

做事要留有余地，不可把事情做绝。万不可沿着某一方向发展到极端，否则最终只能使自己陷入困境。对于事情的发展要充分认识，对于情况的处理要冷静把握，自己才会做出最正确的决策。

传说，太阳神阿波罗的儿子法厄同驾起豪华的太阳战车，在天空中横冲直撞，恣意驰骋。

他来到一处悬崖峭壁时，恰好与月亮战车相遇。此时月亮战车正要掉头，法厄同从后方过来，他一时得意，想要依仗太阳战车车体强大的优势，对月亮战车进行逼迫。

法厄同一直逼到月亮战车的尾部，并不给对方留下一点回旋余地。正当法厄同看着月亮战车难以自保而幸灾乐祸时，自己的太阳战车也走到了绝路，自己也没有任何掉转的余地，向前一步是危险，后退一步是悬崖，最后两者共同掉落悬崖。

做事留有三分余地，不要把事情做绝，于情不偏激，于理不过头，给对方留有余地，就是给自己留下转机，在追求成功的道路上也就会进退自如。

得失的选择中，常常会不经意地把自己陷入到绝境，前进也不是，后退也不成，身处困境，才后悔当初被利益一时蒙蔽了双眼，迷失了前进的方向，正如法厄同的情形一样，因为一时的任性，最后也一同落身悬崖。在得失中，我们一定要有宽阔的胸襟追逐目标，不为目标限制，要展现出性格的宽容和人格的魅力。

要有
认输的勇气

对很多人来说，没什么比自尊心和面子更重要的了。他们通常不会轻易认输，总觉得认输就意味着自己不如对方，意味着向命运投降，意味着要放弃自己坚持的目标和方向，意味着对个人的否定。其实，认输并不代表什么，在恰当的时候认输比死抗到底更值得人敬畏，因为这需要胸襟。

那些沉稳而理性的人，都心智成熟，纵然他们有着不服输的个性，但在关键时刻，是不会为了情绪和面子执拗到底的。他们知道，遭遇失败的时候，如果不认输，一味地坚持错误的方向，就是不理智和固执；只有放下面子，坦然面对，更能显现出宽阔的胸襟，这也是一种"以退为进"的隐忍的智慧。

有句话说，做人要拿得起，放得下。生活原本就是充满变数的，如果一个人只想着赢，只想着享受荣誉，却经不起失败的打击，没有承认失败和认输的勇气，他就算不上一个坚毅的、有胸襟的人。

美国股票大王贺希哈曾有这样一句话："不要问我能赢多少，而要问我能输得起多少。"

贺希哈在17岁的时候，就开始创业。第一次赚钱的时候，也是他第一次吸取教训的时候。

当时，贺希哈全部家当只有255美元，他在证券的场外做了一名捐客，不到一年，就发了财，赚了16.8万美元。他为自己买了第一套像样的衣服，并在长岛买了一幢房子。第一次世界大战休战期间，贺希哈投资失误，他以大减价价格购买了隆雷卡瓦那钢铁公司，但最终被骗，身上只剩下4000美元。

经过这次投资失败，贺希哈吸取了一个深刻的教训："除非了解内情，并有充分自信，否则，绝不要去买大减价的东西。"

贺希哈并没有被失败打倒，而是在承认自己失败以后，又开足马力继续干起来。贺希哈放弃了证券的场外交易，去做当时未被列入证券交易所买卖的股票生意。开始时，贺希哈和别人合资经营，一年后，他拥有了足够资本，开设了自己独立的贺希哈证券公司。再后来，他成为那些股票捐客的经纪人，每个月收入达到20万美元。

1936年是贺希哈最冒险，也是赚钱最多的一年。在安大略湖的北方，早在"淘金潮"的年代，成立了一家普莱史顿金矿开采公司。该公司在一次火灾中被焚毁了全部设备，造成资金短缺，股票跌到5美分。有一个叫道格拉斯·雷德的地质学家，是贺希哈的朋友，他知道贺希哈是个思维敏捷的人，就把这件事告诉了他。

贺希哈听后，拿出了2.5万美元做试采计划。几个月不到，就挖到了黄金——仅离原来的矿坑25米。这座金矿，每年能够给贺希哈带来250万美元的净利润。

贺希哈能够成就大事，就在于他能够承认失败，将自己的姿态放低后，才能积聚全部的力量去跳到新的高度，以摆脱当前的困境。人需要百折不挠的意志和面对困难的勇气，但奋斗的内涵并不仅是英雄的永不言败和坚定不移，还包括了修正目标、调整自己的方向。

在一条死胡同走到底的人恐怕只能成为末路英雄，死不认输的性格只会毁掉自己。如果连自己的虚荣心都战胜不了，那么又怎么能成为真正的强者呢？在失败面前，永远都不要让自己的虚荣作怪，既然失败已是无法改变的现实，何不对自己和现实重新考虑，然后再去选择自己前进的道路？不要害怕失败，把失败看作是一件理所当然的事情，只有输得起的人才能赢，才能把失败踩在自己脚下，再去寻找另一条可以走向成功的道路，坚持不懈，直至成功。这样才能反败为胜，才能成为真正的强者。

勇于认输的人，性格中会有更多的亲和力并容易为人所接受。如果总是固执己见，不能采纳别人的意见，相信这样的人，在人际交往中会渐渐失去魅力；而一个输得起的人，他有着开阔的胸襟，人们与他交往也愿意各抒己见，双方也能相处得更为融洽。对于一个有着这样性格的人，人们又怎能不偏爱呢？

巴尔扎克曾梦想着做一个成功的商人。他经营过印刷所，也经营过其他生意，尽管他头脑灵活，总有许多不错的经营策略，但无奈执行力弱，并且时运不济，屡屡受挫。

在铁的事实面前，他只得服输，明白自己已经无法"东山再起"，最终只能放弃自己的创业目标，不得不捡起被自己冷落已久的笔，重操写作旧业。

如果不是巴尔扎克及时从商海中"回头是岸"，恐怕我们也就无缘目睹后来的文学巨著《人间喜剧》了。

生活中，这样的例子还有许多，为一个目标坚持许久，并付出努力后，却并没有得到我们想要的结果。或许就在某一天，一个无意的转身却让自己发现了不同的风景和另一条出路，让自己可以在全新的领域去收获成功的果实。

适时认输，是对自身实力的保存。美国一位拳王说过，任何一个拳击选手都不可能打败所有对手，在恰当的回合认输，可以使他赢得更多的胜利。及早认输，下次还有赢的机会，如果只是一味地逞强，让对手把自己打死，或是把自己拖垮，最终自己连输的机会也没有了！

面对失败，
苛责他人不如反省自己

当失败摆在眼前时，有些人会选择苛责埋怨，将所有问题和责任归咎于旁人；也有些人，即使不是自己的责任，也不会咄咄逼人，而是默默不语地承担一切，在内心反思自己的不足。不同的处理方式，换来的结果也是不一样的。

只会苛责别人的人，显露出的是怕事、胆小、不敢承担的懦弱本质，他不会受人尊敬，反倒会失去合作伙伴对他的信任，伤了人脉，也断了自己的发展道路；善于反思自己的人，会在反思中认识到自己的不足，寻求改变的可能，他在沉默中显露的是一种从容不迫的气魄和一种宽广的胸襟。

一个军官看到一个士兵的帽子很大，大得都快把眼睛遮住了。

军官就问："你的帽子为什么这么大？"

士兵回答说："不是帽子大，是我的头太小。"

军官说："头太小，不就是帽子太大吗？"

士兵坚定地回答道："作为一名军人，如果遇上点什么事情，首先应该从自身找问题，寻求解决，而不是从别的方面去寻找原因。"

军官听了之后，满意地点点头，离开了。几十年后，这位士兵成了一位伟大的统帅，他就是艾森豪威尔，他能取得如此伟大的成绩，也许与他不苛责环境而反向责己的精神品质密切相关。

虽然当时只是一个士兵，但从一个细节上，就能反映出艾森豪威尔的内在品质。不去苛求帽子，而只是对自身情况进行客观认识，并不畏惧周围人的嘲笑，这种精神正是一个军人在战场上所需要的最宝贵品质。对形势进行最客观的分析，才能为战争胜利赢得最宝贵的契机，这也是一个人生活中所需要的最重要品质。

在失败的时候，去反省自己，并不是一件容易的事情，这需要更为广阔的胸襟与更为超群的智慧。失败的时候，要去掌控自己的情绪，要去分析失败的具体原因，这就需要从原有认识中突破自我，认识到问题的根本，才能找到解决的方法。只有对失败进行全面的认识，才能使一次失败的经历转变成迈向成功的起点。

一个年轻人觉得周围环境太束缚自己了，因此感到非常苦闷。这天，他决定向自己大学里的一位教授请教。

见到教授后，年轻人不停地吐苦水，说自己总是不为社会所接纳，说社会对待自己是如何不公，而自己又是如何的满怀抱负却又无处施展，最后得出结论："我一点也不喜欢这个糟透了的世界。"

教授想了一下，说："你还没吃饭吧，我们一起做饭，你到厨房给我打下手儿。"

教授拿出一根胡萝卜和一个鸡蛋，往锅里倒入一些水，然后放进胡萝卜和鸡蛋，打开燃气灶具烧水。过了10分钟，教授拿出鸡蛋和胡萝卜，分别放在两个碗中，转身问年轻人："你摸摸它们，看有什么不同？"

"胡萝卜煮熟了，鸡蛋也煮熟了。"年轻人摸后回答，转身不解地问教授，"这有什么特殊意义吗？"

教授笑了笑，拿出一把刀，把胡萝卜和鸡蛋都切开，然后说道："它们都放在开水中，经历沸腾的过程，但它们反应却各不相同。胡萝卜之前是强壮和结实的，但被水一煮，就变软了；鸡蛋薄薄的外壳包裹的是液态的心脏，但它的内心原本是柔软的，被水煮过之后，它的心脏却变硬了。"

教授接着说，"面对的环境都是相同的，不同的是他们内心的改变，这却可以反映出一个人内在的品质。有些人遇到考验，就软化了内心，最后仅仅能保持一个形态；有些人却能改变自己，正如这个鸡蛋，可以变得更为坚强"。

年轻人似乎有所领悟，谢过教授后，愉快地离开了。

生活中，有很多事情都是我们无法预料的。因此，在我们追求理想的时候，也许会遇到这样的情形——百般努力仍然成功无望。这时候，我们就需要反省自己，认识到环境的变化，认识到自己的不足，才能保证自己与这个环境有效融合。只懂得苛责环境的人，最后恐怕会被环境所淘汰，而能够调整自己的人，才有被环境接纳的可能，这也正是这位年轻人在教授那里所学到的人生道理。

当一个人学会改变自己的时候，他就会与社会更好地融合，他的发展也会越来越顺利，无论遇到任何困难，他都懂得要不断变化自己的角度去解决问题，而不是只会抱怨环境的复杂。当他接纳周围的环境后，这个环境才会接纳他。

归零心态
体现宽广的胸怀

人生应该有一种归零心态。

归零心态要求我们不应沉迷于过去的业绩，将自己从过去的辉煌中走出来，放低自己的姿态去看待自己的位置和未来发展的轨迹，及时调整自己去适应新的变化。不能故步自封，不能将自己的意识局限在过去的辉煌中。

归零心态可以成为面对苦难时的心理寄托。当面对困难、必须要重新思考自己与将来的道路时，归零心态可以成为很好的起点。面对不可避免的困难，回想自己当初的起点，看看已经取得的进步，最后决定是否要依然坚持，又该怎样坚持。

归零心态展现的是一种胸襟，平淡地去看待得失，不为利益牵绊，也不畏惧困难，时刻保持一颗淡定而平静的心，得意时不骄，失意时不馁，永远抱着一种"过去的都已过去，我只看明天"的劲头儿。

一个年轻人跟方丈学禅。一年后，年轻人觉得自己已学有所成，态度也随之变得傲慢。

这一天，方丈让年轻人找来一个水桶，让他在水桶里装满了石子，年轻人装上石子后，方丈问他，还能再装下东西吗？年轻人回答说不能。

方丈接着又告诉他，你去取些沙子装在里面。年轻人又依照吩咐，取来了一些沙子，装进了已装满石子的水桶里。

装满沙子后，方丈又问年轻人，还能装吗？年轻人经过思考后，再次回答说不能了。

方丈这次又让他取些水倒在水桶里面。

年轻人取来水，在倒水的过程中，渐渐就悟出了其中的道理，最终跪在方丈面前，羞愧地说："师父，学生知道错了。"

杯子只有倒空，才能再装进去水；计算器只有归零，才能进行新的计算。如果总是以自满的态度去看待问题，就会止步不前，错失最好的发展时机。虽然我们每个人都掌握一定的学识，拥有一些成功的经验，但是当我们接受新的任务或挑战时，能否再次取得成功，在很大程度上就取决于我们能否潜下心来从头学起，从头做起。

人生还要不止一次地将自己的杯子倒空，每次学习新的东西，很快就会将心中的杯子装满，因此，必须拥有属于自己的智慧水库，以开放的态度对待外界的信息，时时不忘将杯内的水倒入水库中，才可以不断接纳新的事物。

一位寿险营销员在一个月内做了187笔保单，有朋友向他请教其中的秘诀，他认为自己并没有什么秘诀。他告诉大家："我每天都是从零出发，每时每刻都从零开始，每做完一笔单子的时候，我都告诉自己，我又回到了零点，我必须全身心地努力，才能有所突破。正是这种时刻归零的心态，激发出我无穷的潜力，使我最终做到了这个连我自己都认为是不可能的数字。"

遭受挫折的时候更要心态归零，让自己心态保持平和，重新审视环境，反思自己，学会感恩，并寻找重新开始的契机。在失败的时候，做到心态归零需要很大的勇气和包容的气度，忘记过去的成就，忘记过去的辉煌，从零开始，一步一个脚印，用坚忍不拔的精神和持之以恒的毅力去面对生活，走向又一个崭新的明天。

正如著名的巴顿将军所说："衡量一个人的成功标志，不是看他登到顶峰的高度，而是看他跌到谷底的反弹力。"不断复位，不断归零，生命之树才会保持常青。

要有顾全大局的视野

有格局者往往都拥有宽大的心胸和如海的气量，绝不会小肚鸡肠，处处与人计较。如果总是与人比高下、争一时强弱，即使他本身是一个强者，也会使自己的道路越走越窄；即使他有着各种优势，也有可能变成劣势。

在历史中，有很多这样的故事，例如，唐太宗李世民在夺得政权后，不计前嫌，重用魏征，并把他视为明镜；楚庄王平定反叛，召开"太平宴"，席间，有人醉酒冒犯许姬，楚庄王并未追究，并予以保护，以此赢得下属信任。在这些故事中，显示出一个称霸一方的君主所具有的超人气魄。

朱鲔是杀害刘秀哥哥刘縯的元凶之一，当时他率领30万大军据守洛阳，刘秀派大司马吴汉率领王梁、岑彭等大将前来征讨。

当时刘玄已被赤眉军废去帝号，号召力锐减。朱鲔此时处于左右为难之境，他有心投降刘秀，但因他曾经杀害刘縯，应是刘秀仇人，如果投降必定是死路一条，而不降也是战死，与其投降还不如战死。所以他坚守不出，让刘秀无可奈何。

刘秀围攻了几个月后，损兵折将，面对这种形势，刘秀准备劝降，他知道岑彭曾在朱鲔手下担任太守，于是派他到城中进行说服。

见到朱鲔，岑彭动之以情，晓之以理，说道："彭往者得执鞭侍从，蒙荐举拔擢，常思以报恩。今赤眉已得长安，更始为三王所反，皇帝受命，平定燕、赵，尽有幽、冀之地，百姓归心，贤俊云集，亲率大兵，来攻洛阳。天下之事，逝其去矣。公虽婴城固守，将何待乎？"

朱鲔深知形势不利，但无可奈何："刘縯被害，鲔与其谋，诚自知罪深。"

岑彭听后，不敢擅做主张，回来向刘秀详细汇报。刘秀表现出宽广的胸怀，他说："夫建大事者，不忌小怨。鲔今若降，官爵可保，况诛罚乎？"

刘秀的承诺使岑彭心里有了底，再往劝降。朱鲔为试探刘秀真诚，让人从城上放下一条绳索，对岑彭说："必信，可乘此上。"岑彭毫不犹豫，抓绳索就往上爬。朱鲔见无可置疑，当即答应投降。

几天后，朱鲔让人把自己捆起，一个人到汉军营中投降。刘秀没有任何责罚，亲自解开绳索，封为平狄将军。天下一统后，刘秀也没有像有些帝王那样，战时笼络人心，秋后算账，而是继续信任朱鲔，任命他为少府，传封累代。

刘秀对待朱鲔的态度起到了明显的积极效果，很多对立者看刘秀对杀兄仇人尚能如此委以重任，就更没有顾虑，纷纷前来投靠。

刘秀是一个顾全大局不计小怨的人。对兵败求降的人，从不用诈，攻打王郎时，王郎不支，派大将杜威请降，杜威提出条件，请封万户侯。刘秀说："顾得全身可矣。"当刘恭替刘盆子乞降时，问如何对待刘盆子，刘秀回答说："待汝以不死耳。"

刘秀的坦荡之心，赢得的是人们的称赞和世代相传的美名。

人与人之间难免有摩擦，产生矛盾，在矛盾面前，如果不能宽宏大度，不懂得以宽容对待别人，随着时间的推移，就很容易使矛盾不断激化，最后超出了大家的承受力，只能产生破坏性的后果。如果懂得包容，不仅可以让事情发展顺利，还可以帮助自己树立崇高的威信，帮助自己在未来获得更好的发展。

一个人的未来由他的眼光决定，同样都是在社会上打拼，着眼点不同，结果自然也会不同。在对待一些利益的争执上，他们不会计较太多，而是以宽容豁达的态度对待。正是因为他们能将眼光放得长远，才使得他们在激烈竞争中显得游刃有余。一个有远见并且心胸宽阔的人，同样也是为社会所尊重的人，因为人们都希望学习他的包容气度，希望从他的智慧中获取对未来的掌控力。

经历考验，
才能成就事业

生活中没有常胜将军，每个人都会面对失败，遭遇失败，但并不是每个人都能从中走出来。有些人心灰意懒、消极颓废，在困难的压迫下，最后放弃自己的坚持；有些人在困难的打磨下却能够更显坚强，当最终依靠毅力战胜所有困难之后，距离成功也许只有一步之遥。顺境与逆境是对一个人最好的考验，只有那些经得起考验的人，才能成就更大的事业。

现实社会中，每个人都想干一番大事业，想成大事就要先开创事业，可是敢于创业的人却并不多。创业意味着风险，意味着沉重的负担。对自己没有充分自信的人，是不适宜创业的。创业不仅需要有开拓精神，还要有面对失败与挫折的心理承受力，只有那些能够承受更大压力的人，才敢于选择更为宏大的事业目标。

和田一夫在创立八佰伴百货集团初期，一次，一场大火把水果铺付之一炬，但他并未放弃，经历挫折的考验后，更加增强了他创业的信心，一次失败的遭遇又给予他一次全新开始的机会，他花了一年时间，建起一个比原来大五倍的新水果铺。

"成功者从不半途而废，成功者从来不会向失败投降，成功者总是在不断鼓励自己、鞭策自己，使自己反复地去实践、去探索，直到最后的成功。"这是励志大师曾经说过的话，从中可以看出他对那些成功人士进行总结后得出的最根本原则。

成功不会被人们轻易获得,必然要对追逐成功的人进行最严峻的考验。有容乃大、有忍乃济、志向远大的人,总能保持不变的志向和勇气,以坚韧的性格去面对生活中出现的挫折与失败。经历过大风大浪的洗礼,才能锻炼出非凡的品质,最终成就大的事业。

人生应该具有拼搏的精神,具有更强的承受能力,因为这是获得成功最主要因素。每一份事业的获取,都是对这个人性格与胸襟的严峻考验。得意的时候,不能被胜利冲昏头脑,要适当地保持低调;失败的时候,要有勇于认输的勇气,能够接受现实。在得失间进退自如,在得失间锻炼自己。不怕磨难和折腾,只有经得起折腾的人,才会获得别人所羡慕的成功,获得别人欣赏的不屈品格。

有襟怀的人更能够进退自如

太过刚硬的人,难以成就大事。一个人如果太过刚硬,总坚持个人意见,不允许有任何改变与变通,这对于他事业的发展可谓是最大的障碍。在现实生活中,如果缺乏了应有的宽容,那么他的事业与生活可能会很容易陷入困境中。

事业的追求,原本就是在偶然中寻找必然的方向。如果自己没有主见，总是人云亦云，态度与行为也总是"随大流"，那么他也就不会有明确的目标。

刚者过硬，柔者过弱，都不能有效地掌控进退。只有胸襟宽广，内心中又能明晰自己的方向，才能在现实中游刃有余地去处理各种问题。

一个能知进退的管理者，才能获得下属信任，无论顺境、逆境，他都能带领下属向着既定的目标不断前进。

孔子有着崇高的人生目标，他主张仁义，广收门徒，周游列国。

在他们周游列国时，曾在一棵大树下乘凉，等他们离开后，人们就把大树给砍了；他们途经一个国家，等他们离开后，人们就把他们的足印给铲了。面对这样的侮辱，性格刚烈的人恐怕早已怨气冲天，但孔子却隐忍了下来，依然矢志不渝地坚持自己的理想。

在他看来，人的一生非常有限，怎么会有精力耗费在这些荣辱纷争中呢？他将自己一生的精力和心血都用在思想传播上，虽未曾得志，被人们形容为"累累若丧家之狗"，但他的仁义却成为中国古代文人追求的精神品格。

庄子也同样是一个能屈能伸的人。

贫穷和他如影随形，他借孔子的故事自嘲："如果富贵求得来，即使给别人赶车我都愿意；如果富贵求不来，那就只好做自己喜欢的事情了。"

孔子是一个有远大抱负的人，因为他对目标的坚持，毫不在意别人嘲笑自己，只关注自己的理想是否为君王所采纳。也许正是因为这份胸襟，使他拥有包容的性格。这对于他处理问题，无疑会产生巨大的帮助。

要想在社会上立足，必须要拥有一份属于自己的事业，在追求事业的过程中，必然充满荆棘。广阔的胸襟会使他更好地掌控自己的命运，经历挫折后，能依然不放弃自己的目标。

每个人都注定要在社会中经历磨炼。经历过苦难，就会明白什么是承受；经历过成功，就会明白自身的价值。那些有着更多经历的人，就会对生活中的坎坷淡然处之。

第四章

有格局者，
有舍有得有智慧

舍弃狭隘，
吃亏也是一种智慧

多数人都愿意得到而不愿意舍弃，因为舍弃意味着失去。

一个智慧的人，要学会"吃亏"。愿意吃亏的人，并不是傻，而是另一种智慧的表现。在得失的选择中，可以彰显出一个人的气度和胸襟，也能够体现出他的涵养。

很多时候，吃亏并不是一件糟糕透顶的事，所谓的亏损与收益就好像福祸一样，是相互依存、相互转化的。诚然，得与失互为转化的结果有时也并非立竿见影。但是，如果没有当时的"吃亏"，又怎么会有日后的收益呢？

吃亏往往是福报的一种积累。早有古人"吃亏是福"的感悟，人生在世，收获与付出相伴而行，却不可能次次相等。有得也有失，既不会有全得，也不会有全失，而是得中有失，失中有得。如何真正领会其中的含义，仁者见仁，智者见智，需要我们仔细体会。

漫漫人生，难免会有一些不顺心的事情，也总会出现争端。这时如果能够"大事化小，小事化了"，那么到底是吃亏还是占便宜，也未可知。

战国时期，齐国的孟尝君因礼贤下士而出名，冯谖就是一个为了报答礼遇之恩而在其门下效力的谋士。

孟尝君曾经遇到"久债不还"的棘手之事，但无人愿意去承担这个费力不讨好的差事。原来在几年以前，孟尝君的封地薛邑遭受大旱，田地颗粒无收，百姓生活难以为继，不得已向孟尝君借了债。但特殊的地理环境让薛邑一直没有优厚的自然条件，那里的百姓不但没有转富，反而越来越贫穷了。于是，欠下的巨额债务就一拖再拖。

孟尝君也并非不通人情世故，几次派人讨债都无果而返，他倒也没再追究。如今，对此更是束手无策了。正当此时，冯谖自告奋勇，愿意去讨债，并询问孟尝君准备用催讨回来的钱买些什么。孟尝君说，就买点我们家没有的东西吧。

冯谖领命而去。到了薛邑后，他见到老百姓的生活十分穷困，百姓听说孟尝君派出讨债的使者，均有怨言。于是，冯谖召集了薛邑的百姓，对大家说："孟尝君知道大家生活困难，这次特意派我来告诉大家，以前的欠债一笔勾销，利息也不用偿还了。孟尝君叫我把债券也带来了，今天当着大家的面，我把它烧毁，从今以后再不用还了。"说着，冯谖果真点起一把火，把债券烧了个精光。薛邑的百姓没料到孟尝君如此仁义，人人感激涕零。

冯谖回来后，如实回答了事情经过，孟尝君大为不悦，慢慢疏远了冯谖。

数年后，孟尝君被人进了谗言，齐相不保，只好回到自己的封地薛邑。薛邑的百姓听说恩公回来了，纷纷倾城而出，夹道欢迎。孟尝君感动不已，方才体会到冯谖当时的良苦用心：焚烧了债券，却买回了人心。

这就是著名的"焚券市义"的典故。

可见，前期的播种收获了后期的果实；一时的改变也能为今后更加长足的发展奠定基础。

愿意吃亏的人，总是把他人往好处想，也愿意为他人多做一些事，看似迂腐、软弱，其实是一个心胸宽广的人；愿意吃亏的人，一般都会得到他人的欣赏，不但会赢得好人缘，还会在道义上得到更多人的支持；愿意吃亏的人，在物质利益上不是锱铢必较而是宽宏大量，在名誉地位前先人后己，在人际关系中也不是唯我独尊而是尊重他人。

吃亏并非无所追求、碌碌无为，而是理性看待得失，坦然面对得失。如同"而立""不惑""知天命"，在一次次吃亏中，练就清醒的思路和平和的内心，由此实现整个生命的蜕变。

人生就是用自己能给的，换回自己想要的，这就是"舍"和"吃亏"背后的含义。当我们和别人分享我们所失去的，这种失去也就意味着将来的获得。敢于舍弃自己的利益，愿意吃亏的人，才是最有智慧的人。

不该退让时，不做没底线的"滥好人"

退让，体现的是包容和忍让，是值得人们赞扬的。但如果一个人无论遇到什么事情都只顾着所谓的颜面，没有自己的原则，那么他就会变成世人眼中没有底线的"滥好人"。

没有底线的人，一般也不会为大家尊重，只会让人觉得他缺乏主见，随波逐流，给人一种有话不敢说、有怨不敢言的感觉。他们通常也不会取得骄人的成绩，而且常常会被忽略，甚至还可能被利用。

在一个寒冷的冬夜，一位年轻人正坐在自己帐篷里，这时，门帘被轻轻撩起，他的骆驼正从外面朝帐篷里看。

年轻人和蔼地问它："有什么事？"

骆驼可怜地说道："主人啊，外边寒风凛冽，我冻坏了。恳求你让我把头伸到帐篷里来吧。"

年轻人大方地说："好的，你把头伸进来吧。"

骆驼就把头伸了进来。没过多久，骆驼又恳求："能让我把脖子也伸进来吗？"

年轻人迟疑了一下，考虑到天气恶劣，也答应了。

骆驼把脖子也伸进了帐篷。它的身体在外面，于是头很不舒服地摇了摇，说道："这样站着身体非常不舒服，能把前腿放到帐篷里来吗，就占用一小块地方。"

年轻人说："那就把前腿也放进来吧。"这次年轻人不得不挪动了一下自己的身体，毕竟帐篷并不大。

骆驼接着又说："其实这样站着，打开帐篷的门，反而害得我们都受冻。我可不可以整个站到里面？"

主人感觉保护骆驼是自己的责任，就像保护自己一样，说："好吧，那你就整个站到里面来吧。"

可帐篷实在太小，骆驼进来的时候，说道："这帐篷实在容不下我们两个，你身材比较小，还是你站在外边去吧。"

说着，就用自己的后腿将年轻人推出了帐篷，并在自己的身后关上了帐篷的大门，年轻人就这样被挤出了帐篷。

年轻人总是在不断退让，每次退让也都有充足理由，但他一次次对骆驼的妥协，让他没有了底线。骆驼总能为自己的行为找到合适的理由，利用这样的理由，使这个没有底线的主人步步退让，而骆驼又步步紧逼。最终，导致鸠占鹊巢的结果。

我们不能成为一个没有原则的人，在涉及利益时，我们是要考虑他人的处境与困难，但也千万不可忽视对自身利益的保护。没有了底线，就没有办法保护自己，就不能维护自己的尊严。

在生活中，类似的情形我们可能会经常遇到，而且这个故事也警醒我们：在生活与工作中，必须做一个有底线的人。

在下岗再就业的浪潮中，老张失去了自己的"铁饭碗"，不得不同许多人一样，下海经商，谋取一份生计。

老张性格十分憨厚，在企业上班的时候，工作勤恳，待人真诚，从不与人计较，得到大家的爱戴，获得了一致好评。不过，在市场大潮的洗礼下，老张的性格却显得有些不能适应。

老张开了一个小饭馆，菜品虽不算精致，但也非常可口，在周围社区获得不错口碑，生意非常红火，不过，在他经营过程中，却遇到了一个难题。因为来店里的客人都是熟人，经常会有赊账的情况，老张觉得都是自己人，也没好意思拒绝，可时间一长，为饭馆经营带来不小的负担，但他还是拉不下脸，让赊账的老朋友还钱。

最终，饭馆不得不倒闭关门。

事后，老张进行分析总结，认识到自己"老好人"的性格是使自己经营失败的一个重要原因。要做生意，就要像一个生意人，就应该遵循生意场上应有的原则，如果坚持不了自己的底线，也就不要希望能取得发展。

有了这次的经验之后，他及时转变理念，重拾信心，又做起了建材生意，生意越做越大，也越来越红火。他说，在市场大潮的洗礼下，他改变了自己为人处世的方式，这才是这个时代带给他生活最主要的内容。

现实生活中，总有些人欺软怕硬，你越是谦让，他就越得寸进尺。所以要认识到他们的性格，掌握他们的心理，明白对于这些人的忍让只能证明自己是个软弱可欺的人，且不会获得任何有利的结果。相反，如果你表明自己的态度，提出合理的要求，明确自己的底线，他们就会低下头，尊重你。

不知据理力争，只会助长他人嚣张气焰；懂得把握自己的底线，才能够获得人们的认可。

充分考虑才能
让取舍具有价值

人生的取舍，必须要以内在的智慧做支撑。如果没有充分考虑，那么取舍就会有很大的风险。

冒险对于决策而言是家常便饭。但在每次决策的背后，如果能充分的考虑，那么舍弃就会有更大的价值，人们坚持的目标也就有更大实现的机会。

在遥远的高山上，有一条小河，它一直梦想着寻找大海，它流过了许多村庄，穿越了许多森林，最后来到了一个沙漠。

当小河决定越过这个沙漠时，发现它的河水消失在泥沙中，试了一次又一次，总是徒劳无功，它有些灰心了。

"也许，这就是我的命运，永远也到不了那个传说中的大海。"小河沮丧地自言自语。

这时，沙漠里发出一个深沉的声音，"如果微风可以跨越我的话，那么小河你也是可以的"。

小河有些不服气："那是微风可以飞过沙漠，我不会飞，你总在吸收我，我又怎么跨越呢？"

沙漠严肃地说："小河，只要你愿意放弃你现在的样子，让自己蒸发到微风中。微风就会带着你飞过我，最终到达你的目的地。"

"放弃现在的样子，消失在微风中？不！那不就等于自我毁灭吗？"小河无法接受，这是它从未经历过的。

"微风可以把水气包含在里边，飘过沙漠，再会以雨水的形式落下，又会形成河流，你就可以继续前进。"沙漠很有耐心地回答。

"这是真的吗？那还是我原来的河流吗？"小河问。

沙漠回答："不管你是一条河流，还是看不见的水蒸气，你内在的本质从来都不会改变。"

最终，小河鼓起勇气，投入到微风张开的双臂中，在微风的带领下，越过了沙漠，又变成雨水，融入了河水……

小河一路前进，最后见到它所向往的大海。

放弃自己的形态，无疑是对小河最大的考验，但为了自己的目标，它还是决定这么做。但在冒险前，小河已有充分的准备，从沙漠那里已经对整个过程有所了解，并且微风也愿意提供帮助。最终，它放下了自己原先的理念，自我挑战，跨过沙漠，到达了它梦想中的大海，实现了自己所预期的目标。

在生活中，每个人都必然面临选择。聪慧的人，可以让自己的选择更有效率。经过缜密的思考，他们总能发现契机，使他们的舍弃更有价值，他们的收获也会超出人们的想象。

19世纪中期，美国西部悄然兴起淘金潮，成千上万怀揣发财梦的人涌向那里寻找金矿。

其中有一个叫瓦浮基的小孩，十来岁，非常穷困，一路跟着大篷车来到西部一个叫奥斯汀的地方。这儿有很多金矿，但气候干燥十分缺水。那些工人干一天活，却连口润嘴的水都没有。大家怨声载道，甚至有人说愿意用一枚金币去换一口水喝，这给聪明的瓦浮基提了一个醒。

卖水给这些找金矿的人喝，也许会比找金子更容易赚钱。但要实施这个计划要冒很大风险，因为他只是一个孩子，并且要放弃挖金子的机会，但考虑之后，他最终决定去挖水井。

他先买来铁锹，挖井打水，再把水过滤，变成了清凉可口的饮用水，最后卖给那些嗜水如命的找金矿的人。他成功了，在很短的时间里就赚到了一笔钱，而且数目可观。再后来，他经过努力和打拼，成了美国小有名气的企业家。

年轻人所放弃的是大家都追逐的淘金机会，不过因为他独特的思维方式，获得了意想不到的成功。他做决定前是经过充分考虑的，他看到大家都在淘金，如果自己也加入这个队伍，将会面临激烈的竞争，但卖水没有人做，这比挖金子更容易赚到钱。经过充分考虑，他又有所准备，他的财富之路才会比别人走得更顺利。

每个人都会面临人生的选择，如果想让自己未来的道路走得更顺利，那就让自己充分考虑，这样，在取舍之间，才会活出更精彩的人生。

谦卑做人，
舍弃骄傲

《道德经》第六十八章有言："善为士者不武，善战者不怒，善胜敌者弗与；善用人者，为之下。"意思是说，真正懂得搏击的武士，凭借的是智慧而不是武力；真正懂得打仗的将领，凭借的是冷静沉着而不是暴躁；常常战胜敌人者，不与敌人正面冲突；善于用人的人，对人都很谦恭，尊重对方。

孔子年轻的时候，曾经受教于老子。当时老子曾对他讲："良贾深藏若虚；君子盛德，容貌若愚。"即善于做生意的商人，总是隐藏其宝货，不令人轻易见之；而君子之人，品德高尚，而容貌却显得愚笨。其深意是告诫人们，过分炫耀自己的能力，将欲望或精力不加节制地滥用，是毫无益处的。

因此，谦逊做人会更有利于我们的进步，也更有利于我们人际关系的发展。但生活中，很多人却无法抑制成功后的自满，总是扬扬得意，对别人的成就不屑一顾。

德国阿道夫·冯·贝耶尔是发现靛青、天蓝、绯红现代三大基本染料分子结构的著名的有机化学家。他在大学读书时，有机化学家凯库勒教授的名字传遍了德国。有一天，贝耶尔和父亲在一起闲谈，提起了凯库勒教授。贝耶尔说："凯库勒只比我大6岁……"言外之意是这个人并没有什么了不起。

父亲听了很不满意,他对贝耶尔说:"大 6 岁怎么了?难道就不值得你学习吗?我读地质学时,老师的年龄比我小 30 岁的都有,我一样恭恭敬敬地称他们为老师,认认真真地听他们讲课。你要记住,年龄和学问不一定成正比。不管是谁,只要有学问,就应该虚心向他学习。"

圣人早就告诫我们:"满招损,谦受益。"一个人太出风头,就会遭受打击;一个人过分追求完美,反而会遭到挑剔和批评。大多数的人能够同情弱者,却敌视比自己强的人;能够认同踏踏实实做事的人,却讨厌那些飞扬跋扈的人。所以后者的人际关系更为紧张,处世太过张扬,自然招致他人的反感,生活中这样的情况非常多,所以,为人处世一定要谦虚谨慎,脚踏实地,千万不要狂妄自大,过度张扬。

一个人的精力是有限的,这就注定了学贯古今、能识穷天下是不可能的。也就是说,每一个人都有未知的领域和不足之处,那么谦虚做人就显得弥足珍贵。

大多数人都难抵骄傲的诱惑,有一点小成绩就沾沾自喜,骄傲成为自己前进的障碍。做到谦虚需要有大智慧,也就是说,做到谦虚的前提是自知,要知己所知、知己所不知,知己所长、知己所短,因为唯有自知之后方能虚心、不自满。不能自知是愚昧,自知却不愿意加以完善和提高则是自弃。谦虚更深的含义是知己无知后不耻下问地努力学习,知己不足后精益求精地积极改进,这就需要正确地看待自己、尊重自己,正确地看待他人、尊重他人。

一个内心成熟的人,总会表现得低调、谦虚地埋头做事。做一个谦虚的人，就要保持一颗平静的心，无论是身居高位还是地位卑微，无论是名家鸿儒还是初学少年。"闻道有先后，术业有专攻"，尺有所短，寸有所长，没有任何一个人能在每一个方面都超过别人。

做一个谦虚的人，就要保持坦荡的心胸，既不因自身的长处而骄傲，也不因自身的短处而气馁；既不妒忌别人的优点，也不嘲笑别人的不足。因为，十全十美的人在世间从来不曾出现过。

在《三国演义》中，刘备本是一位谦虚的、谨言慎行的人，但关羽、张飞之死使他十分悲痛。为给关羽、张飞报仇，刘备兴两川之兵浩荡东来，江南人民皆胆裂，日夜号哭。投东吴的关羽旧部糜芳、傅士仁，将刘备所恨者马忠杀了，献首级降刘备，但刘备连糜、傅也剐了，一同祭关公。东吴诸将献计孙权，将杀张飞投东吴的范疆、张达也送还刘备，以图息战宁人，谁料刘备剐了范、张，仍怒气不消，定要灭吴。孙权在这种情况下，从阚泽言，起用陆逊为主将，统率步水马三军抗刘。消息传来，刘备问陆逊何许人也。马良说是东吴一书生，年幼多才，多有谋略，袭荆州便是他献的计。刘备大怒，非要擒杀陆逊为关羽、张飞报仇。马良谏道，陆逊有周瑜之才，不能轻敌。刘备却说："朕用兵老矣，岂反不如一黄口孺子耶！"

从这里看，刘备真是悲伤过度了，他仅仅看到了自己鞍马劳困的半生经历，计谋老到以资夸口，这是很可笑的。毕竟，战争是残酷的，不以年龄定优劣。用兵之道，是看谁能把握战机，深谋远虑，而不是谁的年龄大谁的计谋就多。刘备骄傲轻敌，瞧不起对方年轻主将，于是未战先败。

做一个谦虚的人，就要保持一颗进取的心。知识的海洋浩瀚无边，即使穷尽一生所学也只能掬起一朵浪花。人生只有在不断自我超越中，才会变得更加充实，自身价值也才会不断得到提升。

人之所以谦虚，是因为对自己有正确的认识。他的低调，决定了他的冷静。在低调者看来，骄傲是很荒谬的事情，因为无论自己曾经做过什么，都不重要，自己将要做的事才是最重要的。过去的价值，仅仅在于它能帮助自己将来要做的事，所以，低调者永远不会骄傲、自负，因为他没有傲慢和自负的理由。他总是很谨慎地看待自己的成就和能力，总是可以事先预计到问题的严重性，总是能够明白自己取得成功的原因，有来自自己的努力、来自别人的帮助、来自运气。他知道，自己的成功，离不开这一切外在的条件，自己仅仅是其中的一个因素而已，所以，他不会把自己无限放大。

谦虚，不仅是一种美德，更是推动一个人不断取得进步的最大的动力。

要善于给他人面子

现实生活中，有的人把名利看得很重，得陇望蜀，欲壑难填，甚至为此不择手段。一旦没达到目的，就会耿耿于怀；或者一旦受到挫折，就会一蹶不振。其实，对名利斤斤计较，把目标看得太重的人，也就缺少了一份做人的智慧，就会导致心理失常。很多时候，适当舍弃，就会给彼此留有余地。这样的人也往往会获得人们更多的尊重。要舍得给他人尊重，给别人留有余地，才会给自己未来的发展提供更广阔的空间。

人们常说："树活一张皮，人活一张脸。"尊重对于一个人来说是十分重要的。与人交往时，不管自己处于什么立场，怀有什么样的心情，出于什么原因，都要顾及对方的面子。这不但能够展现出一个人的大度、一个人的修养、一个人的品性，而且对一个人的社交有非同寻常的作用。顾及他人面子在避免对方尴尬的同时，也表现了自己的人格魅力。

英国王室在伦敦为某国部族的领袖举办一场宴会。宴会进行得很顺利，当最后一道餐点结束时，侍者为每人端来一盘洗手水。看见精巧的银盘装着清澈的凉水，部族头领不由分说，端起盘子，咕噜咕噜全喝光了。一旁作陪的贵族们，个个惊得目瞪口呆。宴会主人在当时还是英皇太子的温莎公爵，只见他依旧谈笑风生，没等大家笑出声来，便非常自然地端起面前的"洗手水"一饮而尽。这时的场面就像紧绷的弦一下子松弛了，大家纷纷地把面前的水喝光，一场即将引发的难堪与尴尬，就这样化解于无形，而没有给某国部族头领和宾客带来丝毫难堪。

尊重，是一种行为，也是一种态度。尊重是有修养的人具有的一种品质，是人与人之间沟通的媒介。尊重别人，是一个人素质水平的体现。温莎公爵在看到某国部族头领误把洗手水一饮而尽后，也从容地端起洗手水一饮而尽。这是因为温莎公爵明白，当那位部族头领知道他饮的是一盆洗手水，他将会多么的难堪，这样重大场合的失误将使来宾内心受到多大的伤害。正因为温莎公爵能够替别人着想，具备良好的个人修养，所以他效仿了那位部族头领，将洗手水一饮而尽。

生活中，我们也经常会遇到诸如这样的尴尬场面，一语道破还是为他人留面子，想必所有人都对这两种做法的结果十分清楚。人都爱面子，你给他面子就是给他一份厚礼，你给他面子就相当于承认他比自己尊贵，比自己有分量，比自己有面子。可以说，这是人际交往中不可或缺的规则。

永远不要说这样的话："看着吧！你会知道谁是谁非的。"这等于说："我会使你改变看法，我比你更聪明。"这实际上是一种挑衅，在你还没有开始证明对方的错误之前，他已经准备迎战了。为什么要给自己树敌呢？为什么不放下自己的面子去尊重对方呢？

在古代，曾有一位男子因与人结怨而处境艰难。许多人出面当和事佬，但对方一句话也听不进去，最后只好请郭解出面调解。郭解晚上悄悄地造访对方，热心地劝解，对方作出让步了。

如果是普通人，一定会为对方的转变而沾沾自喜，但郭解并没有。他对那位接受劝解的人说："我听说你对前几次的调解都不满意，这次很荣幸你能接受我的调解，不过，我身为外地人，却压倒本地有名望的人，成功地排解了你们的纠纷，这实在是违背常理，因此，我希望这次你就当我调解失败，我回去后，等当地有威望的人来调解时你再接受，怎么样？"

这种做法实在是异于常人，但细想起来，这真是一种使自己免遭众人嫉恨的明智之举。既保护了自己，又留下了为人称道的美名。郭解决意将调解的功劳送给其他有名望的人，其心态之高，实在令人钦佩。谁又能说郭解不是大智之人呢？比较起来，那些极力显示自己才能的人，不过是小聪明罢了。

给人尊重应成为每个人为人处世的态度，这样才能实现它的真正意义。在生活中，低调一点、真诚一点，多为对方着想，舍得名利，舍得面子，相信自己的事业也一定会发展顺利。这样的人，也一定能赢得人们的好感。

有一种爱，叫作放手

事实上，很少有人会喜欢放弃的感觉，因为我们的内心更喜欢拥有的感觉。对于放弃的真谛，能真正理解的人始终不多。有句俗语："爱情不是强求的，幸福不是天赐的。"有的东西你再喜欢也不会属于你，有的东西你再留恋也得放弃，爱是人生中一首永远也唱不完的歌。人的一生也许会经历许多种爱，但千万别让爱成为一种伤害。生活中到处都存在着缘分，缘聚缘散好像都是命中注定的事情，有些缘分一开始就注定要失去，有些缘分永远都不会有好结果。

阳和雨是在工作时认识的，雨很稳重，这正是阳喜欢的。雨平时很少说话，每次都是阳找她说话，时间久了自然成了好朋友。阳见不到雨就会感觉心里空空的，一见到她就会特别高兴，所以每天都盼着上班，工作自然有劲儿。

可好景不长，雨因病辞掉了工作，之后他们见面的机会也变少了。阳知道这对雨来说没什么，但对自己来说就是煎熬。没有雨的日子，阳感觉做什么都没有意义，这才意识到自己爱上了雨。但是阳不敢向雨表白，因为雨是自己的初恋，害怕说出来后会被拒绝。

最终，阳鼓起了勇气向雨表白，雨很惊讶，想考虑一下，当时阳以为是有希望的。谁知两天后，雨告诉阳说他们不合适。但是阳并没有死心，第二天又去找雨，希望能有奇迹出现。阳又问了雨："难道真的一点机会都不能给我吗？"可雨的回答依然很坚决。

离开雨后，阳忽然感觉轻松了许多，本以为自己会发泄一通，却发泄不出来……他不知道自己为什么会这么平静。难道真的没爱过她吗？当初为了她甚至可以抛弃一切，可在被她拒绝后阳并没有自己想象的那么难过……最终，阳还是明白了人们常说的，爱她，只要她幸福就可以了。

心理学中有一种升值规律，即越是得不到的东西，越是朝思暮想，这或许就是许多人对于得不到的东西苦苦追求和不能放手的原因吧。很多人在迫不得已放手后，总是郁郁寡欢，会莫名地为了一首歌、一部戏或是一句话而泪流满面，总觉得天是黑的、云是灰的，甚至失去了生活的激情，有一种无奈的绝望和痛彻心扉。其实，放手并不像很多人想象的那样痛苦；相反，你很可能在退一步之后感受到前所未有的轻松。你只是失去了一个不喜欢你的人，你只是回到了认识她以前的样子。只有放手，你才会有机会在将来收获一份真正的爱情。

当你遇到这样的情况，一定要回头想想：如果一段爱情的坚持，超过了彼此的承受，那就大胆放弃。放弃掉自己不能承受的目标，才会让自己的生活更轻松一些，同时也是给对方更多的空间。人们常说：在对的时间遇见对的人，是一种缘分；在对的时间遇见错的人，是一种不幸；在错的时间遇见对的人，是一种无奈；在错的时间遇见错的人，是一种残忍。所以，给不了就转身，得不到就放手吧。

小时候，小男孩和邻居家的小朋友一起玩，后来小朋友要抢小男孩的玩具，小男孩紧紧抓住不放，邻居家的小朋友就狠狠地打了小男孩一拳。疼痛难忍的小男孩不得不放手，然后小朋友说了一句："看，要你放手还不简单。"也正是因为这句话，从此，小男孩在心里下定决心，以后不管遇到什么情况一定不会轻易放手。

长大后男孩和一个女孩相恋了，他们在一起生活得很开心。可有一天女孩提出了分手，她要离开他们的小屋，男孩抓着女孩的手不让她离开，挣扎中女孩狠狠地咬了他一下，男孩痛了就放手了。在拉扯中，男孩无意从女孩衣服上揪下了一样东西，于是在以后的日子里，男孩抓东西的这只手就从来没有松开过，直到另一位女孩的出现。这个女孩知道男孩的过往很同情他，于是她接近男孩并开导他。

后来女孩不可救药地爱上了这个男孩，而男孩也明白，只是他放不下以前的感情。无奈之下她把男孩约到了大海边，拿出一件挂坠，男孩知道那是女孩母亲去世前留给女孩的，对她来说很重要。男孩不明白女孩接下来要干什么，只见女孩把挂坠抓在手里看着大海喊着男孩的名字："我想和你永远在一起，我愿意用我最重要的东西来换。"说完不舍地看了手中挂坠最后一眼，毫不犹豫地把挂坠扔向了大海。

男孩说："这样值得吗？"

女孩只说了句："放手其实很简单。"

男孩怔了怔没有说话，好久，男孩哭了，哭得好伤心。他举起那只一直紧握的手，慢慢地打开了手心，里面是一枚变了形的胸针，这是男孩送给他女朋友的第一件礼物，也是他女朋友最喜欢的东西。男孩就这么一直看着手中的那枚胸针，好久，男孩抬头挺胸地站着，对大海说道："我会忘记你的，我会过得很好的。"说完用尽全身力气把手中的胸针扔向大海。

不久男孩和女孩走进婚姻的殿堂，接受了所有人的祝福，幸福地生活在一起了。放手其实真的很简单。

学会放手，在落泪以前转身离去，留下美丽的背影；学会放手，将昨天留在过去，留下最美好的现在；学会放手，让生活重新开始，遍体鳞伤的折磨并不能留住你想要留住的东西。这一路走来，走到今天，已经很不容易，轻轻地抽出手，说声再见，真的很感谢这一切的一切。

生活中，再好的东西都有失去的一天，再深的记忆也有淡忘的一天，再爱的人也有远走的一天，再美的梦也有苏醒的一天。该放手的绝不挽留，拥有这份洒脱，生活才会更加精彩。

乐于帮助别人

助人是春天满山的鲜花，是冬天御寒的皮袄；助人是一叶轻舟；助人是一泓清泉……助人能产生连锁反应，不仅能照耀别人的世界，更能照耀我们自己。助人的意蕴四海皆通，也能够超越时空的界限，让我们温馨到永远。学会助人，是成功与快乐的前提。所以，尽己之所能地帮助别人吧，在帮助别人中汲取成功与快乐。

帮助别人不仅利人，也能提升自己生命的价值。如果我们每一个人都能帮助别人，我们每一个人也都会得到别人的帮助，那么，世界将会变得更和谐、更美好！

我们说有的人很自私，这里的"自私"在很多种情况下其实指的就是不愿意帮助别人。生活中这样的例子并不鲜见，举手之劳就能给人以方便，就能帮助别人，可偏偏不愿意做。为什么？舍不得属于自己的那一点点时间，那一点点精力，那一点点金钱。在这样的人看来，舍弃了自我利益帮了别人而自己什么也得不到，不划算。这实在是一种短见。

有这样一个故事。

从前，有一个生活困苦不堪的年轻人。有一天，当他正要经过十字路口时，一位老人挡住了他的去路，老人的背驼得十分厉害，连站都站不稳："年轻人，你愿意帮助我走过这条马路吗？"

当时，他心烦意乱，对什么事情都提不起精神，不过，他看到这位老人实在可怜，最后，还是扶着老人的臂膀，穿过那条车水马龙的大街。

"你觉得好些了吗？"老人微笑着问他。

"噢！是的……我想是的！"他觉得在帮助别人之后，心里舒坦多了。

这时，老人突然挺直了腰杆，身子骨也变得硬朗起来了。年轻人惊讶得说不出话来。

"刚才看到你一副愁眉不展的样子，我就决定要帮帮你。一个失意的人如果帮助那些比他更失意的人，他就会好过些，所以我就装扮成刚才的那个样子。年轻人，不要有太多的忧虑！一切都会过去的，上帝会对你很公平的！"说完，老人就在年轻人的面前消失了。

当你在帮助他人的时候，感觉到了自己的重要性，心境也就会变得开朗。其实，你帮助他人过马路，也就是在帮助自己走出心灵的阴霾。

生命像回声，你送出什么它就送回什么，你播种什么就收获什么，你给予什么就得到什么。你想要别人是你的朋友，首先你得是别人的朋友。心要靠心来交换，感情只有用感情来交换。

把别人的忧虑当成自己忧虑的人，别人也会忧虑着你的忧虑；把别人的快乐当成自己快乐的人，别人也会快乐着你的快乐；用利益帮助别人的人，别人也会用利益帮助你；用道德对待别人的人，别人也会用道德回报你。这就是人性。

得到大多数人的帮助，这个人成功的可能性就大；得到少数人的帮助，他的成功就会小；得不到别人的帮助，很有可能只有失败。做人要敞开自己的胸怀，希望获得别人的帮助，首先是要舍得去帮助别人。

时机未到，
不争一时之短长

大丈夫不论得不得志，皆能恬然自处。孟子曰："穷不失义，达不离道。……古之人，得志，泽加于民；不得志，修身见于世。穷则独善其身，达则兼济天下。"在不得志的时候也不丧失礼义，在得志的时候更不违背正道。

庄子曾经讲过一个故事：

每天都有许多钓鱼虾的人，大部分人都是扛着竹竿东奔西走，在池塘、小河，甚至是湖边，他们都钓得不亦乐乎，天天有所得。只有一个人每天蹲在海边钓鱼，他的鱼钩就像大铁锚一样，钓线如水桶般一样粗。可是，日复一日，年复一年，十年过去了，他依然毫无收获。别人都觉得他这个人很奇怪，有人还说他像"傻瓜"。后来，他终于钓到了一条大鱼。他将鱼弄到岸上进行分割，和所有人一同分享美味。

其实，这个寓言故事说明了一个道理：做人，不可争一时之长短，想要有大的收获，就必须长时间的付出努力和等待。不争一时之长短的人，是懂得"四两拨千斤"的人，与只会使用蛮力的人相比，他们靠的是智慧。实际上，在大义面前，就应该奋力拼搏、坚决果断、毫不退缩。古往今来，能成大事者无不具备这种优秀的品质。

人生短短几十年，时光荏苒，如果一个人将大量的时间都花费在"争论一时之长短"上，那岂不是太可惜了？一个理智之人，就应该做到"有所为，有所不为"，不该去争的东西就应该坦然地放下，这样才能够为心中那个更大的目标积蓄力量。事实也证明，越是伟大的成功，越是伟大的事业，就越需要长时间的努力与付出。

争一时长短的人，总是认为自己有的是时间，有的是机会，也有的是激情，即便是经历挫折也在所不惜。只有当历经了无尽的沧桑之后，当受尽了痛苦的磨难之后，他们才恍然大悟：原来自己当初选择的奋斗方向出了问题。但为时已晚，青春不再，勇气不再，就连激情也没有了，拿什么来获得成功呢？所以有人这样说："智慧之人不争一时之长短，而愚蠢之人则常为眼前得失而自断后路。"

在我们周围，总是有一些人为了鸡毛蒜皮的小事儿争来斗去，有人甚至为了自己的私利而不惜出卖朋友，细想一下，这样做实在毫无意义，这种做法也只会降低自己的尊严。所以只有能忍能让、不争一时长短的人，才活得洒脱。

当断则断，
免受其乱

人的一辈子不可能顺风顺水，总有失利的时候。人生的过程其实就是得到与失去的过程。如果没有失去也就无所谓得到，因此，在生活中，更应当正视得与失。不必为一时的得到而欣喜若狂，也不必为一时的失去而黯然神伤。

人的一生，经常会遇到让人举棋不定、犹豫不决的事情。在处理事情时，适当地考虑，避免出错是有必要的，但如果过于犹豫不决、优柔寡断，就会成为成功最大的障碍。当今世界，充满着各种机遇，当机会来时要当机立断，及时把握。犹豫者错失机会，观望者丧失机会，等待者永无机会。强者抓住机会，智者创造机会。做事果断，是一个人获得成功的关键。看到机会，要果断决策，不要犹豫不决，要勇敢地去行动，这样你就成功了一半。

所有成功的人都是敢想敢做的，具有当机立断的能力，凡是自己认定的事情，就不受他人的左右。但现实生活中，并不是每个人都能做到这一点，他们总是瞻前顾后，患得患失，当断不断，以致经常错失良机。

西楚霸王项羽，可谓是无人不知、无人不晓。他的"力拔山兮气盖世"的豪情被世人所仰慕，但也正是因为他的优柔寡断，当断不断才反受其乱，最后败给了刘邦，改变了他的命运。在破秦入关时，项羽的谋士范增曾建议他趁此机会攻打刘邦，但项羽却犹豫不决。在得知刘邦想要称王，掠夺了大量财富后，项羽才下决心消灭刘邦，但他不能果断地下决心，不能坚持自己的主张，被人一番花言巧语就改变了自己的想法，错过了大好机会。

在鸿门宴上，项羽完全有机会杀掉刘邦，但他总是下不了决心，拿不定主意。在项庄刺杀刘邦时，他的部下竟暗中保护刘邦。面对这样的情景，他还是未下决心杀掉刘邦，最后由于自己的优柔寡断让刘邦安然离开。最终让自己成为一个失败者。

人这一生，几乎每时每刻都要做决定，当我们面对难以取舍的难题时，思考是必然的，但如果优柔寡断，就是在错失机会。优柔寡断者注定要吃大亏。因为当你再三考虑时，准备就绪时，机会可能已经不属于你了，成功很可能已与你擦肩而过。

世间最可怜的人就是那些举棋不定、犹豫不决的人。他们遇到一点小事儿，都需要去和他人商量，自己的决定往往会因他人的意见而改变，不能坚持自己的想法。曾听人说：犹豫不决的人，常常找不到最好的答案，注定是个失败者。这就告诉我们，人的生命、精力和才智有限，我们在想事、做事时必须要当机立断，不可犹豫不决；如果做什么事总是瞻前顾后，畏首畏尾，前怕狼后怕虎，患得患失，该断不断，该做不做，其结果往往会浪费掉本来属于自己的机会。或许有人会说，决策果断、雷厉风行的处事方法不保险，很可能会犯方向性错误，但这总比只说不做，做事处处犹豫、时时小心的人有更多的成功机会。

在这个竞争激烈的社会中，一旦看到机会，就要毫不犹豫地抢先出手,丝毫犹豫都有可能使你处于下风,自己的机会就会被他人抢走。要想事业成功,在社会上有立足之地,就必须具有果断处理问题的能力,有当断则断的魄力,对自己认定的事要敢想、敢做、敢当。

人生要经历很多事情,有好的也有坏的,但在你无法选择的时候,要果断地放弃,万不可拖泥带水,否则会后悔。

在大海里有一种棘皮动物叫海参,它的外表如一根圆圆的香肠,身体上端是嘴,下端是肛门,体内有一些消化及吸收作用的血管。当海参遇到危险时,就会果断地把体内又黏又湿的血管和内脏器官排出来,缠在敌人的身上,自己"无脏一身轻"了,便趁机溜走,经过十几天,它又会重新再长出新的内脏器官。如果海参在那一刻没有果断干脆地下决心,而是犹豫不决,那它很可能会为此丢掉性命。

其实,生活也是如此。生活中我们有时候需要坚持,可是一旦承载超过负荷,就需要果断地放弃。大千世界里,金钱、名誉、财产、权力、地位、爱情……每样都令人心动和向往,若都想抓住,一个人行囊里背的东西太多,人行走在路上就会很累。俗话说:百步无轻担。漫漫人生路,生命背负不了太多的行囊,拖着疲惫的身躯走在人生大道上,我们注定要抛弃很多,才能轻装上阵。

纵观人生道路,大多呈波浪起伏、凹凸不平之状,果断放弃是面对人生、面对生活的一种明智的选择。必要的放弃,不是无能,而是为了明天更多的获取。可古今中外,有太多的故事,让我们看到因贪恋功名利禄,不能果断放弃眼前的权与财而为此丢掉性命的人。

做人要干脆，不仅要努力去争取，还要敢于放弃，就像当老帅被将了一军、无路可退时，必须果断地"弃车保帅"，先挽回败局、稳住阵脚，才有机会反败为胜。在人生的关键时刻，我们也必须审时度势，学会放弃，这样，你才能有更多的精力去争取自己真正想要的东西。所以，我们在做人、做事方面就应该斩钉截铁，干脆利落，不拖泥带水。

有追逐的勇气，也要有放弃的魄力

做人，应该有追逐成功的勇气，但还要有放弃的气魄。只知道追逐的人，身上背负太多，如果超越个人承受极限，可能最终会被压垮。

蒙田有这样一句名言："今天的放弃，正是为了明天的得到。"

懂得放弃的人，他有认定的目标，但在他心中，会对这一目标的可能性时刻进行考量。一旦条件发生变化，必然要对自己的决策进行及时调整。即使情感上有多么不舍，在理性的考虑下，也会做出最有利的选择。

人的生活本来就是要面对选择，有选择就必然有放弃。智者言：

"两利相权取其重，两害相权取其轻。"所有的决策制定，都是在衡量之后的舍弃，我们应该审时度势、扬长避短，在最佳的时机，做出最明智的选择，这才会为发展指引出最正确的方向。

马嘉鱼非常漂亮，它有着银色的皮肤、燕子一样的尾巴，和一双非常漂亮的大眼睛。

在深海中，春夏之交的时候马嘉鱼会逆流产卵，随着海潮漂游到浅海，这个季节也是人们捕捉马嘉鱼的最好时间。

渔人捕捉马嘉鱼的方法非常简单：只需用一个孔目粗疏的竹帘，下端系上铁坠，放入水中，两端由两只小艇拖着，拦截鱼群。

马嘉鱼自身"个性"很强，不爱转弯儿，一旦闯入罗网之中，不会转弯儿也不会停止，反而会更加勇猛地往前冲。

孔口越紧，马嘉鱼就越会被激怒，瞪起鱼眼，张开脊鳍，更加拼命地向前冲，最后也就被牢牢卡死，一只只"前赴后继"的鱼儿就这样陷入到网罗之中。

只懂得前进，只在意自己的判断，眼中只有前进的方向，从来没有质疑自己方向是否正确，一旦陷入困境，只会使自己越陷越深。懂得放弃显然就可以很好地帮助自己解脱困境，有时，一个反思与方向调整就会使自己处境发生改变。

鱼都如此，人若也如此，陷入困境时，只知道不断向前，却不懂得调整方向，自己努力的结果只会让自己越陷越深。人执着于名与利，执着于爱情，执着于美好的梦想，执着于对空想的追求，往往求而不得，但又不能割舍这份内心的牵挂，结果虚度光阴，一生无所作为。

放弃是对心灵的一种滋养，它可以使自己心态归零，重新审视自己坚持的目标。有所放弃，人生才能有坦然的心境；有所放弃，生活才会再次出现灿烂的阳光。能够选择放弃，才是一个富有智慧的人。

正如这鱼儿一样，可能人的天性就是习惯得到，而不会习惯失去。但是我们不要把失去看作是不应该的，或是不正常的，要将自己从心理的误区中解脱出来才会明白，一次放弃，所迎来的是更加光明的未来。

有一位老者正坐在高速行驶的火车上，不小心将一只新买的鞋子掉到了窗外，在周围人们感到惋惜的时候，这位老人却做了一个更让人匪夷所思的举动。

他把另一只鞋也从脚上脱下来，从窗口扔了出去。

面对众人的疑惑，老人缓缓解释道："无论多么昂贵，对我而言，它已经没有用处，对自己无用的东西，还不如成全别人，如果有人有幸捡到一双鞋子，说不定他还能穿呢！"

是啊，一只鞋子的丢失，我们一定会感到惋惜，如果这双鞋子是刚买的，这种惋惜会更强烈。抱着这样的心情，我们可能会更加珍惜另一只鞋子，不让悲剧再次重演，即使这只鞋子对自己而言，已没有任何的价值。

从故事中，我们可以看到这位长者的智慧与包容。既然事情不能挽回，还不如轻松看待。手中的鞋子已是一个无用之物，那也许可以成为他人的最好礼物。

不能放弃的人，眼光总是局限在眼前的利益与情感的纠缠上，而看不到对自己未来的影响。如果不能看清问题本质，在不久的将来，他们就会遭受挫折。那些能够选择放弃的人，他们常常从长远角度对事情进行规划，也许一时会痛苦，但可以换来发展的可能，而时间也往往会证明他们当初的决策是明智的。

泰戈尔曾经说过："当鸟翼上系了黄金，就飞不远了。"黄金虽然美好，但相比之下，自由的天空对鸟儿更有意义，显然，黄金黯然失色了。我们千万不要被黄金的美丽外表所迷惑，而失去翱翔蓝天的勇气。只有在广阔的天空中，我们才能领略到最美丽的风景，如果想要张开飞翔的翅膀，就首先要抛弃悬挂在翅膀上的沉重黄金。

放弃是一种气度，放弃是自我的一次升华，放弃是自我的一种超脱，放弃是一种更高意义上的拥有。

舍弃小我，谋求共赢

在战争年代，我们需要争斗，但在和平年代，我们却需要协同合作。

生活中，我们总习惯于比较，比较彼此的高矮胖瘦，比较你我的是非优劣，似乎只有在比较中，我们才能找到自己存在的价值，才能获得心性的满足。但是过分注重个人的比较，过分注重自己的得失，最终只能孤独地生活在自己的一片天空中。

印度尼西亚著名华商李文正，非常喜欢中国传统文化，并能够把一些中国传统思想文化运用到企业的经营管理中，他认为，做生意，眼光要放远，"争千秋而不计较于理"。如果"双方为利而争，生意就不可能长久"。在和其他企业谈判时，他总是把"和为贵"的思想融入进来，主张不一定要分出胜败，而应皆大欢喜。

他最先和朋友合伙做一些进出口业务。1960年，他转入银行业，也是和几位福建华商合资合营。1971年，他与弟弟李文光、李文明及华商郭万安、朱南权、李振强等共同集资，组织了泛印度尼西亚银行。

在经营过程中，与瑞士富帝银行、日本东京富士银行、澳利大亚商业银行，组成国际金融合作有限公司，从事国际性的资金融通和企业投资开发等业务。正是凭借着有效合作，在短暂的五年内，使泛印度尼西亚银行成为印度尼西亚第一大私营银行。

在商业活动中，竞争是自然法则，通过竞争，展现自身实力，击败对手，独占市场，就能获得最大的利润，但是竞争并不是万能的，有时双方势匀力敌，争斗不已，最终只会鱼死网破、两败俱伤；而如果双方达成协议，相互配合，发挥各自的优点，共同开发经营，这样在瞬息万变的市场上，最终双方利益共享，皆大欢喜。李文正的"和为贵"和"双胜共赢"思想是一种与传统背道而驰，却又来源于传统的经营理念，竞争与合作，适时而用，都可以取得较好效果。

"双赢"不仅是一种现代理念，更是现代智慧的结晶。它需要的是对自身条件的客观认识，是对双方形势的有利分析，是对周围环境作出客观判断后，采取的一种策略。它超越了自我狭隘，是在取舍之间做出的最为高深、最为有利的选择。

阿曼在美国南方生活了一段时间后，跟他的两个弟弟伊曼纽尔和迈耶一起在亚拉巴马的蒙哥马利定居下来，经营一个杂货店，当了老板。

该地本是一个产棉区，农民有棉花，却没有现金去购买日用杂货，于是阿曼就同意用杂货交换棉花。结果，这种方式使双方都皆大欢喜，农民得到了需要的商品，他也卖掉了杂货。

这种方式，乍一看与"现金第一"的经营原则相悖，但这却是阿曼兄弟"一笔生意，两头赢利"的绝招。这种方式不仅吸引了顾客，扩大了销售，而且阿曼兄弟无形中降低了棉花价格，提高日用品的价格，他还利用自己的进货渠道，把棉花也销出去了。

没过多久，阿曼兄弟便由杂货店的老板发展成经营大宗棉花生意的商人，棉花收购成了他们的主要业务。

一个只在意自己利益得失的人，往往不会得到人们的好感，因为他从不会为别人承担什么；一个能够寻求共赢的人，不仅可以使自己的发展更顺利，还可以赢得人们的敬重。

第五章

有格局者，
对名对利有定力

不做名誉的奴隶

名誉，每个人都希望获得，它代表一个人的品性与能力在群体中被认可。有着良好声誉的人，在工作与生活中，一般都能获得良好的发展。勤奋的品质、卓越的智慧、承担责任的态度，如果一个人能在群体中树立良好的声誉，那么他必然会获得更多的助力。但若太过在意名誉，太贪图虚名，就会让自己活得很累。

人可以追逐名誉，却绝不能成为名誉的奴隶。在追求良好名誉的过程中，一定要分清楚实名与虚名之间的区别。虚名只是停留在口头的一种赞扬，没有任何指导意义，它也不能成为一个人品性与能力的代表。如果一个人追逐的目标只是停留在虚名上，那么会为自己的发展带来阻碍。

中国古代有一个《伤仲永》的故事，它讲述的就是被虚名所误的人生故事。

仲永小时候在乡里是一个有很高声望的神童，他能过目不忘，能吟诗作赋，人们认为他将来必会成大器。仲永成名后，他的父亲到处向人展示仲永的能力，使仲永无法刻苦学习。这就渐渐阻碍了仲永发展的道路，他的才华也就渐渐地被埋没了。

等到他长大成人后，就和一般人没有什么区别，他的那些天赋、才能也都离他而去，一生无所作为。这个故事广为流传，它告诫人们虚名可以毁掉人的一生。

仲永有着超人的天赋，这是他赢得声望的原因。但是他为声望所累，每日东奔西走，获取那微不足道的利益。因为声望，让他有被世人了解的机会，但因为声望，却也断送了他未来发展的机会。

每个人都希望获得好声望，它是对个人的一种认可。但是我们也要看到声望背后的影响，如果不能正确对待它，那么它可能将一个人带入绝境。鉴于以上这些影响，就要以更谨慎的态度对待它。

有些人取得名誉后，就不顾一切，拼死拼活想要去维护它，最终消耗掉自己全部精力，名誉也不能保全，因为名誉，失去自己生活应有的方向。有时人们会因为一时的名誉，不愿舍弃面子去做一些降低身份的事情，结果错失许多发展的机会，事情过后，悔恨不已。这时，自己才明白虚名只是一时的东西，最原本的生活，才是对自己最重要的。

一位很有才华的作家，在他出版了自己第一部作品后，引起社会极大轰动。人们纷纷赞赏他的才华，认为他的作品深刻，引人深思。

在这份荣誉光环下，这位作家沾沾自喜，无形中影响了他对生活的感悟。他整日忙碌于各种社交场合，在觥筹交错中度过自己的生活。

但名誉往往只是一时的，三年后，人们对这位作家越来越冷淡，希望他能继续写出更好的作品。这位作家也逐渐意识到这个问题的严重性，打算集中精力去完成一部更好的作品。但当他再次开始写作时，才发现头脑一片空白，原来，这些年的生活，已经让他荒废了写作。

最终，他郁郁寡欢，一直苦苦追寻更好的思路与作品，不久与世长辞，生命停留在43岁。由此可见，虚名可以窒息一个人的生命。

名誉毕竟是身外之物，虽然重要，但生活显然还有更重要的内容。为了追求名誉，我们不应该放弃未来的发展，只有看到这两者之间的关系，才能妥善处理，这才是一个人性格成熟的重要标志。舍本逐末的做法，只会将自己的故事转变成教育他人的惨痛教训。

一个有着崇高声望的人，必然为他人所敬仰和依赖；如果他是一个不以虚名为追逐目标的人，必然会获得他人更多的信任。不为虚名所累的人，对于名誉的产生与所发生的作用，有着非常透彻的了解，他们注重名誉背后所带给自己发展与成长的有利机会。

在这个花花世界中，不为名誉所累的人，必然会走出一条与众人不同却又为众人所羡慕的道路。

成功的时候不要迷失自己

成功是每个人都想获得的，对于我们来说，它有着更重要的意义，但是成功的时刻也是对一个人进行考验的时刻。

成功的时刻，是一个人收获的时刻。事业上，他获得飞跃的发展；物质上，他获得极大的满足。瞬间的成功，无疑会成为一个人的巨大考验。如果不能把握好自己，就有可能陷入迷失的状态中，比如：工作上失去目标，整天只是以沾沾自喜的心态，陶醉在往日的收获中。无形中，也就错失了获取更多发展与更多收获的机会，等到很久之后才明白，当初错失了最好的机会，后悔莫及。

一个有定力的人，拥有面对苦难的坚强，同时也必须拥有驾驭成功的气魄，他不仅要有追逐成功的能力，当成功到来时，也能以最佳方式进行处理，这样才能展示他性格的成熟，也能使事情顺利发展。成功时，不浮躁，也不失去自我，以平常心态看待，对事情进行理性把控。在他们的安排与应对下，既能够享受成功带来的喜悦，又能将所有事情都安排好。

刘亿万有个不错的名字，这是父母对他未来的期望。

他17岁那年和村里的青年小伙子们来到北京打工，在建筑工地干一些装卸的粗活，两年里攒下了一些钱。他头脑灵活，用自己的积蓄在公交车站旁边摆了一个书摊，卖一些杂志和书籍。

转眼间4年过去了，父母觉得他该成家了，就给他提了亲，是隔壁村的一个姑娘，那年刘亿万23岁，姑娘才19岁。

有了家庭，刘亿万决定过稳定的生活，他就用自己的积蓄在湖北一个县城的早市上开了一个包子铺。两口子每天凌晨3点起床，蒸好包子，5点从家出发，到县城里一路叫卖，9点钟再骑车回来，虽然工作辛苦，但收入却非常稳定。

刘亿万生活逐渐稳定，手里又有了些闲钱，他决定扩建包子铺，改成饭店。没想到饭店生意红火。那一年，刘亿万刚满35岁，分店在湖北已开了10多家，而且全都位于湖北繁华地段。

此时的刘亿万已非彼时的刘亿万，在湖北有两套别墅，一套给父母，一套给妻子和孩子，过上了富裕的生活。对于普通人来说，承受过程的艰苦容易，而在成功的荣耀面前却容易迷失自己，迷失方向。刘亿万成了富豪，身边美女如云，偶尔也会怦然心动，时间一长，他开始嫌弃自己的妻子。

可就在生活还没有给他机会更加放纵自己时，命运又给他开了一个玩笑。突然有一天，因为食品安全问题，饭店被查封了，刘亿万最终破产。刘亿万接受不了现实，大晚上一个人喝完闷酒跑到高速公路求死，命没丢，可丢了两条腿。

刘亿万变卖了所有家产，抵消了自己的债务，回到了山村。妻子每天早晨依然骑着车去早市卖包子，有人劝他妻子改嫁，可妻子没有离开。

刘亿万的妻子说虽然自己不懂爱情，但她知道，刘亿万和她是一起从苦日子走出来的，他们还得从苦日子中走回去。

面对妻子，刘亿万心里有万分的感动，但更多的还是愧疚。

这个时代有太多的机会可以使人们走向成功，人们能够经受苦难的考验，却往往不能享受成功的"加身"。刘亿万和妻子一起吃过苦，一起奋斗过，一起收获这份辛苦的回报。但在成功面前，刘亿万迷失了自己，开始嫌弃自己的家庭与爱人。最后命运的转折，又让他懂得生活的珍贵。

对待成功，我们一定要有自己的定力。这不仅可以帮助我们在成功到来的时候，保持内核稳定，更会让我们向着更大的成功不断迈进。

一个富家子弟这样说道："起床，然后就去工作，这种生活有什么意义呢？我家的财富已经足够我享用终生了。"

与之相反，出身贫寒、生活无所依靠的人会说："我无所凭借，除了靠自己奋斗，没有任何其他出路，我只能依靠自己，才能生存，才能生活得更好。"

几十年后，富家子弟把财富挥霍一空，出身贫寒的孩子却依靠自己的努力有了立足之地，并累积了大量财富。财富似乎在他们之间进行了一个美妙的转换。

年轻时所形成的对待名利的态度，可以影响一个人的一生。若年轻时只懂得享受，那他就不会再去探求人生；若年轻时学会奋斗，那他的人生就注定会有更多的收获。

成功本是最美好的，但如果处理不当，却能成为生活的一场噩梦。

不要把工资看得太重要

工资是我们维系生活的根本，同时它也或多或少地象征着企业或他人对自己能力的评价。在事业方面，很多人太看重工资，甚至会斤斤计较。时间一长，很容易给人留下不好的印象，甚至引起人们的反感。这种人总是将目光聚集在工资上，不能长远地规划人生，因此很难取得成绩。

2010年，小张大学毕业，他学的是英语专业。他很有自信，优异的成绩、丰富的社会实践经验让他对自己的前景充满乐观。

不过，事实并非如此。小张刚入职的第一份工作，工资并不高，工作内容也非常烦琐，这与他的期望值有很大出入，他逐渐变得心灰意冷。因为自己刚入职，工作环节不很熟悉，难免会犯一些错误，经常会受到上司的批评，他的工作也变得更加消极。

一天，他听说同学中有人获得非常高的收入，他便动了离职的念头，经过一番考虑，他选择了离职。

一年后，再次遇到小张，他的情况依然不容乐观，他已经有过三次离职经历，但仍然没有找到适合自己的工作，他甚至有了离开北京的想法。

一个对自己有长远规划的人，往往能看到工资背后隐藏的东西。他能找到工作的乐趣，他能去寻找带给自己更多收入的契机，他把工资只是看成自己谋生的一种手段，为了长远发展，甚至可以舍弃一时利益。因为他的这种远见，也往往会取得更加显著的成绩。

在美国佛罗里达州，有一个叫唐纳·史达勒的人，他每天清晨4点钟就到马房工作，做一个日薪只有20美元的马夫。

在常人看来，这也许有些不可理解，他的工作包括清除跑道、铲马粪、替马梳洗等各种杂事，并且他的工资也非常低，但他的工作态度却非常积极。

很多人问唐纳·史达勒，为什么这么低的工资还愿意去做这么卑微的工作，他的答复是他非常喜欢马，也热爱这份工作，所以他愿意做这份工作。

唐纳·史达勒原本是宾夕法尼亚州一名事业有成的汽车经销商，在1988年辞掉工作跑到这里当了一名驯马师。要成为一名出色的驯马师，必须熟悉马性，因此，史达勒必须从头学起。1988年夏初，他到迈阿密一家赛马场应聘，获得了一份遛马工作。

在这个毫不起眼儿的工作岗位上，唐纳·史达勒做得勤勤恳恳。几个月后，他升级为负责替马梳洗整理的马夫，这项工作一直延续到现在。

唐纳·史达勒对自己的工作极为满意，他从不为自己报酬低而担心，也不急于成为驯马师。他认为自己要想成为一名出色的驯马师，要学的本领还有很多，即使他已经对如何驯马有了自己的心得。

确定自己已经了解这个行业后，唐纳·史达勒开始着手发展自己的驯马事业。他进入赛马场，不久就买下了4匹纯种赛马。这些马迄今为止已为他赢得了25万美元的奖金。

以前，唐纳·史达勒总替别人照顾马匹，如今，他一心一意地照顾自己的马匹，他依然只是一个马夫。他聘请齐亚第作为他的驯马师。52岁的齐亚第有34年驯马经验，他发现自己和唐纳·史达勒的关系非常微妙："身为马主，他是我老板，但作为马夫，我又是他上司，但我们俩相处十分融洽。"

齐亚第夸赞唐纳·史达勒是他所见过的最勤快的马夫，每天早上第一个抵达马房，而且两年来只缺勤一次。

唐纳·史达勒的故事，或许能让更多人反思自身的狭隘：为了工资斤斤计较，最终影响到工作积极性；只考虑工资的小幅增长，而没有对自己事业进行长远规划；因为高薪，放弃了自己所热爱的事业。反观唐纳·史达勒，他当马夫更多是因为他喜欢马，他希望自己在这个行业能有更长足的发展，他希望自己的兴趣能够得到寄托，他从工作中能够找到自己的快乐，他没有计较工资的多少，也没有考虑工作环境的恶劣，他只是以勤恳的态度不断累积自己在这个行业的经验。结果他获得了成功，也为自己带来了财富：他的工作为他累积了最宝贵的经验，而他的赛马又为他带来了不菲的财富。

如果把追求财富作为工作的唯一目标，最终只能成为金钱的奴隶。能力不能得到提高，事业也不会得到发展，自然，工作过程中也不会再有任何的快乐。如果能寻找工作的乐趣，抛弃世俗的牵绊，那么这个人最终不仅可以获得成功，还会享受快乐。唐纳·史达勒展现给我们的正是一种积极的工作态度——将现实的工作与自己兴趣有效地结合。

避免与人盲目攀比

人都有各自的特点，既有长处，也有短处。为了虚荣，盲目地与别人攀比，到头来只会伤害自己。人生一定要有自己的定力，要有自己的判断，如果总是从别人身上去寻找自己缺失的东西，可能会变得越来越不自信，而一个对待生活有自己见解和坚持的人，最终能活出人们所欣赏的精彩。

　　国王的御橱里有两只罐子，一只是陶的，另一只是铁的。骄傲的铁罐瞧不起陶罐，常常奚落它。

　　"你敢碰我吗，陶罐子？"铁罐傲慢地问。

　　"不敢，铁罐兄弟。"谦虚的陶罐回答说。

　　"我就知道你不敢，懦弱的东西！"铁罐说着，显出了更加轻蔑的语气。

　　"我确实不敢碰你，但不能叫作懦弱。"陶罐争辩说，"我们生来的任务就是盛东西，并不是用来互相撞碰的。在完成我们的本职任务方面，我不见得比你差。再说……"

　　"住嘴！"铁罐愤怒地说，"你怎么敢和我相提并论！你等着吧，要不了几天，你就会破成碎片，消失了，我却永远在这里，什么也不怕。"

　　"何必这样说呢？"陶罐说，"我们还是和睦相处为好，吵什么呢！"

　　"和你在一起我感到羞耻，你算什么东西！"铁罐说，"我们走着瞧吧，总有一天，我要把你碰成碎片！"

　　陶罐不再理会。

　　时间过去了很久，世界上发生了许多事情，王朝覆灭了，宫殿倒塌了，两只罐子被遗落在荒凉的废墟上。历史在它们的上面积满了渣滓和尘土，一个世纪连着一个世纪。

许多年后的一天,人们来到这里,掘开厚厚的尘土,发现了那只陶罐。

"哟,这里有一只罐子!"一个人惊讶地说。

"真的,一只陶罐!"其他的人都高兴得叫了起来。

大家把陶罐捧起,把它身上的泥土刷掉,擦洗干净,和当年在御橱的时候完全一样,古朴而又美观。

"一只多美的陶罐!"一个人说,"小心点,千万别把它弄破了,这是古代的东西,很有价值的。"

"谢谢你们!"陶罐兴奋地说,"我的兄弟铁罐就在我的旁边,请你们把它掘出来吧,它一定闷坏了。"

人们立即动手,翻来覆去,把土都掘遍了。但一点铁罐的影子也没有。它,不知道什么年代,已经完全氧化,早就无踪无影了。

铁罐和陶罐各有所长。人也同样如此,一味地和别人攀比,对自己没有任何好处,只是给别人增加一点饭后的谈资而已。一个人在社会中生存,要看到自己与他人的不同,更要看清楚自己所扮演的角色,对待生活要有自己的定力,才能找到自己的方向,如果总是与人盲目攀比,最后恐怕会在这些攀比中失去生活应有的乐趣。

现实生活中,有些人结婚办喜事,也要跟人攀比:比排场、比风光、比派头。你家摆了50桌,我就要凑够100桌;你家来了10辆车,我就要来20辆。比的结果是劳民伤财,彼此怨恨。做人不可有攀比之心,俗话说:人比人活不成,马比骡子驮不成。

不要把名利的比较作为自己生活的唯一标准,无知的攀比只能显示出个人的肤浅,即使你有着好的声望与财富,但这些只能引起别人的反感。而真正成功的男人，做事往往是非常低调的，这种低调的态度更能赢得人们的欣赏。

摒弃攀比的心态，即使没有很高的声望，没有很多的财富，但有平和的心态，也会为自己赢得不少尊重。

清醒地走出物欲的迷宫

每个人都会有欲望，都会追逐物质享受，只是对待它的态度和重视程度不一样。太过追逐物欲的人，就会丧失自我，被物欲牵着鼻子走。即使他们对物欲目标的追求，已经超出了自己的承受范围，也浑然不觉。结果生活变得一片混乱，自己也陷入无尽的痛苦中。

做人一定要拥有掌握欲望的能力，不能成为物质的奴隶，这样，才能找到原本就属于他的生活。人拥有强大的能力，在生活中，才会有更多的机会，如果自己定力不足，为表象所迷惑，就很容易让自己的生活偏离应有的轨迹。

尽管对那些能够创造物质财富的人，人们会投来羡慕的目光，但对那些能追逐物质，却又不为物质所累的人，人们必然会更加崇敬。正是因为他们对物质的超脱态度，使他们的人生达到一个新的高度。

有位修道者，决定离开他所住的村庄，到无人的山中去隐居修行，以便断绝所有欲望和念想，因此，他只带了一件衣服就动身了。

在山中修行没多久，当他要换洗衣服时，发现自己没有可以替换的衣服，于是他决定下山，向村民乞讨一件衣服。

修道者又回到山中。在他专心打坐时发现一只老鼠在咬他那件准备换洗的衣服，由于他早就发誓遵守不杀生的戒律，不愿去伤害那只老鼠，但又没有办法阻止老鼠，只好又回到村庄，向村民要来一只猫，以便驱赶老鼠。

得到了猫之后，他又想到一个问题："猫要吃什么？我并不想让猫吃老鼠，但总不能让它跟我一起吃水果与野菜吧！"于是他再次下山向村民要了一头乳牛，那只猫就可以靠喝牛奶为生。

在山中居住了一段时间后，他发觉每天都要花费很多时间照顾那头乳牛，这扰乱了他的修行。他就又回到村庄，找到了一个可怜的流浪汉，将流浪汉带到山中帮忙照顾乳牛。没过多久，流浪汉就跑来向修行者抱怨说："我跟你不同，我需要一个媳妇，我要有正常的家庭生活。"

修道者觉得有道理，不能强迫别人跟他一样，过着禁欲苦行僧的生活，于是……

故事就这样继续着，你可以想象，一年或是几年后，整个村庄都被搬到了山上，或者那个修行者，只能放弃自己的修行，又回到山下的村庄中。

受到无尽的干扰，世俗的牵绊，修行者最终不能延续自己的修行，不得不放弃自己所追逐的目标，又回归到普通的生活。现实中的我们，如果不能看透物质在我们生活中的作用，那么最终失去的将是生活的本质。

欲望就是一个个永远无法满足的借口。虽然我们只有一个身体、一张嘴，但是你会发现总有无尽的理由，让自己去寻找更多内容，来填补这个欲望的无底洞。生活中的欲望总是环环相扣，在一个目标实现之后，人们总会想方设法，寻找更高的目标。在这一循环中，人们就丧失了自己平静的生活，耗费了所有的精力，到头来所得到的只是一场无休止的追逐。

我们受广告的影响，受分期付款的引诱，受攀比心理驱动，不加节制地释放自己消费欲望：衣橱大得能装下大象；每日疲于奔命于各种应酬之间；房子越来越大，可在家的时间越来越少；汽车越来越豪华，呼吸新鲜空气的机会却越来越少。人们在不断地追逐与满足中，也将自己牢牢地陷入到了欲望中，失去生活应有的意义。人们却对此缺少反思，只将"美好生活"等同于"物质生活"，最终使自己患上了"物欲症"。

在牛津词典中，这样解释"物欲症"：名词，一种传染性极强的社会现象，因为人们渴望占有更多物质，导致心理负担过大、债务增长，并引发情绪上的焦虑感。

面对琳琅满目的商品，人们像得了"精神艾滋病"似的，免疫力和意志力完全丧失，在这无尽的追逐中，还会造成社会资源的极大浪费。物欲症带来的是"时间荒"：没时间做饭，没时间休息，没时间"常回家看看"……就像《爱丽斯梦游仙境》里的小兔子一样，不停看表，不停嘀咕："没时间说你好，没时间说再见，我来不及,我来不及,我来不及了。"

当今社会,物质生活质量得到极大改善,但同时也给精神生活带来一个问题,在丰富的物质条件下,我们应该如何确定幸福的定义?不要将自己迷失在物质的欲望中,要能看透生活的本质,只有这样,才能使我们的生活有意义。

人类学家英格力希·鲁克说:"从表面上看,一个3岁孩子似乎与我们的文化没有什么联系,但当这个孩子回过头对他妹妹说:'别烦我,我正忙着呢。'这就值得我们深思了。"人们因为物欲,丢失了属于自己的时间;因为欲望,失去了对生活应有的守候。现在多数人都选择放弃时间以获取更多的金钱,最终他们只能成为物质的奴隶。

我们必须对物质有清晰的认识,必须明确自己对待物质的态度,只有这样,在追逐物质目标时,才能不被其控制,有效地处理好物质与生活、物质与时间、物质与幸福的关系。只有这样的人生才是最有价值的,他的事业才能走向更高层次的成功;只有这样的成功,比那些仅仅停留在物质层面的成功也就显得更有意义。

以平常心
对待财富

人生在世，没有钱寸步难行，但钱绝对不是万能的，因为它只可以满足一定的物质欲望，而不能带来真正的快乐。只有学会做金钱的主人，做到知足常乐，才能创造快乐。

有人说："人为财死，鸟为食亡。"钱财给人带来烦恼。记得有句歌词是："钱啊！大姑娘为你走错了路，小伙子为你累弯了腰，钱啊！你是杀人不见血的刀。"

对有些人来说，把钱财看得太重，自己无钱财时眼红别人，不择手段、千方百计地想要得到钱财；自己有钱财时又非常吝啬，亲兄弟之间甚至对父母也是锱铢必较。对这些人来说钱财不仅是烦恼，还可能使其丧命，当然更不会给他们带来快乐。

有一个有钱人，每天早上经过一个豆腐坊时，都能听到屋里传出愉快的歌声。这天，他忍不住走进豆腐坊，看到一对小夫妻正在辛勤劳作。富人大发恻隐之心，说："你们这样辛苦，只能以唱歌消解烦恼，我愿意帮助你们，让你们过上真正快乐的生活。"说完，将一大笔钱送给小夫妻。这天夜里，富人躺在床上想："这对小夫妻不用再辛辛苦苦做豆腐了，他们的歌声会更响亮的。"

第二天一早，富人又经过豆腐坊，却没有听到小夫妻俩的歌声。富人想，他们可能激动得一夜没睡好，今天要睡懒觉了。但第三天、第四天，还是没有歌声。富人感到非常奇怪。就在这时，那豆腐坊的男主人出来了，拿着那些钱，一见富人便急忙说道："先生，我正要去找你，还你的钱。"

富人问："为什么？"

年轻的男主人说："没有这些钱时，我们每天做豆腐卖，虽然辛苦，但心里非常踏实。自从拿了这一大笔钱，我和妻子反而不知如何是好了。我们还要做豆腐吗？不做豆腐，那我们的快乐在哪里呢？如果还做豆腐，我们能养活自己，还要这么多钱做什么呢？放在屋里，怕它丢了；做大买卖，我们又没有那个能力和兴趣。所以还是还给你吧！"

富人非常不理解，但还是收回了钱。那天之后，当他再次经过豆腐坊时，听到里边又传出了小夫妻俩的歌声。

也许这个故事并不符合现在许多人的想法。他们会说，钱多还不好吗？没听说过钱多会咬手的。但事实是，"钱多"的确会"咬你的手"。就像故事中的小夫妻一样，就是因为"钱多"，所以思虑也多——又想多拥有钱，又担心别人谋算他的钱——竟连个踏实觉也睡不成。

拥有更多的财富，是今天许多人的奋斗目标。财富的多寡，也成为衡量一个人是否有才干和价值的标准。但对个人来说，过多的财富是没有用的，除非你是为了社会在创造财富，并把多余的财富贡献给了社会。但丁说过："拥有便是损失。"财富的拥有超过了个人所需的限度，那么拥有越多，损失就越多。

现在不少人急于发大财，甚至不惜铤而走险，以身试法，如制假贩假、盗版走私、做毒品生意，甚至杀人越货。他们完全成了金钱的奴隶，财富对他们如同绞索，他们越是贪婪，绞索就勒得越紧。一个贪官说，他每当听到街上警车鸣笛，就生怕是来抓他的，惶惶不可终日。这样的不义之财再多，又有什么乐趣呢？我们并不是一概排斥财富，我们厌恶和蔑视的是对个人财富的过分贪求，是以不正当手段聚敛财富。

作家易卜生对金钱的认识可谓精辟。他指出："钱能买来食物，却买不来食欲；钱能买来药品，却买不来健康；钱能招来熟人，却招不来朋友；钱能带来奉承，却带不来信赖；钱能使你每天开心，却不能使你得到幸福。"有一句西方谚语也说道："金钱是走遍天下的通行证——除了到天堂的道路；金钱也能买到任何东西——除了幸福。"是的，金钱可以换来舒适的生活，却很难换来幸福。我们不可把单纯的物质享受、口腹之欲的满足同幸福混为一谈。我们很难说历史上那些帝王、位极人臣者以及家财万贯者比一般老百姓拥有更多的幸福。吃得多了，山珍海味也会平淡无味。历史上有一个著名的命题，即由枪杆子保护的人和手拿锄头的人谁更安全、谁更有安全感、谁更满足？回答是手拿锄头的人。当一个人不得不为过多的金钱而提心吊胆时，这个人就陷入了无穷无尽的恐惧和烦恼中。那么，我们便不难理解"钱多了不是好事"的古训。

以积极的心态追求财富，以平常的心态对待财富。一个心态平和的人，不要追求巨额财富，而应追求属于你的财富，然后清醒地运用它，愉快地施与它，最后心满意足地离开它，这样的人才是必成大器的人。

把贫穷
看作一种财富

贫穷怎么会成为一个人的财富？财富不是对贫穷的一种解脱吗？我们又怎么会将贫穷看作是一个人所拥有的财富？这里说的财富，更侧重于精神层面的内容。对于一个人来说，贫穷的经历会是他人生中最好的历练。只有经过贫穷的考验，才能树立正确的名利观，才能客观看待名利，才不会被名利限制。

贫穷可以使一个人重新审视自己，反思自己做出的抉择是正确的还是错误的；贫穷可以使一个人重新认识朋友，知道唯有在困境中依然给予自己鼓励的人，才是可以信任的人；贫穷可以使一个人得到锻炼的机会，经过贫穷的考验后，他的内心会变得更加坚强；贫穷可以使一个人拥有更多的财富，没有什么可以让一个人能获得如此多的收获。

我们会崇拜那些人们取得的成功，成功的光环是如此耀眼，而当我们明白每一个成功者背后都有着艰难困苦的磨炼与考验，相信我们对于这样的成功者，必然投以更为敬仰的目光。

记者曾问一位伟大艺术家，他的徒弟能否成为著名画家。

艺术家回答这位记者说："绝对不可能，因为他每年有着6000多英镑的收入！"

这位艺术家心里非常明白取得艺术成就的诀窍，人的潜能往往是在最困苦、最贫困的情况下，才能得到最有效的激发。相比较而言，富裕舒适的生活只会成为阻碍一个人走向成功的绊脚石。

安德鲁·卡内基的观点与这个艺术家非常相似，他说："不要认为富家子弟，他们的命运就好。大多数富家子弟只会成为财富的奴隶，他们往往不能抵抗外界的诱惑，不能坚持自己认定的事业，很容易妥协，陷入堕落境地。我们知道，富家子弟绝不是那些出身贫寒孩子的对手。那些贫困家庭的孩子，甚至都没有读书的机会，然而他们长大成人后，凭借自己的毅力与坚持，却能成就一番大事业。一些刚从普通学校毕业就投入到社会的孩子，尽管开始从事卑微工作，但假以时日，他们或许就会成为社会的精英，最终获得巨额财富和无上荣誉。"

这并不是说，富家子弟难以成功，而是说贫穷并不会阻碍成功，它能够磨炼一个人的意志，我们应该正确地看待贫穷。不要害怕贫穷，也不要因为贫穷而失去斗志。一个人为摆脱贫困而去奋斗，这是找到出路的唯一办法。在奋斗的过程中，经过锻炼，一个人最容易成为有用之才。如果出生时就含着金钥匙，就不曾感受生存的压力，那么他们永远不可能取得成就，他们的性格也永远处在幼稚的阶段。

曾连任美国总统的格罗弗·克利夫兰在自己的传记中这样写道："我起初只是一个生活窘迫的店员，我每天的工资只有5美元左右。然而没有这段贫困的经历，我想，我永远无法获得现在的成就。"他还总结说："贫穷是所有激发雄心中的最切实有力的一种方式。"

翻阅历史，我们发现，大多数伟大人物都出身贫寒，许多获得非凡成就的人，比如那些著名的发明家、科学家、企业家、政治家、作家等等，他们都经历过生活的窘迫，但正是贫穷的刺激，才激励他们产生无尽的动力，正是曾经的卑微，才练就出了他们今天的伟大。

森林里参天大树之所以傲然挺立，正是因为它们曾经历过狂风暴雨的洗礼。贫穷如同一个熔炉，可以锻炼出一个人最为坚强的品质。卡内基说得没错，"一个年轻人最大财富就在于，他出身贫穷"。那些经历贫穷而仍然不失气节的人，才是生活中的勇者。

超越名利的束缚，
寻找生活的快乐

为名利束缚的人只为争名夺利，眼中除了名利再不能容纳其他事物。著名唐代道士吴筠有言："虚名久为累，使我辞逸域。"如今随着社会的进步，时代的发展，虚名越来越多，欲望也越来越大，搞得自己筋疲力尽。太过注重名利的人，最后往往成不了大器，而且他们因这样的价值观为人处世，也会遭到鄙夷。

一位自称是诗歌爱好者的乡下青年，千里迢迢来拜访年事已高的爱默生，希望得到大师的指点。

爱默生被这位青年的热情感动，又见他虽出身贫寒，但气度不凡，便热情地招待了他。老少两位诗人立刻热情地攀谈起来，其间这位青年还把自己的几页诗稿递给爱默生。认真读完诗稿后，爱默生认为这位乡下来的青年大有可造之材，决定凭借自己在文学界的地位大力提携他。

爱默生试着将那些诗稿推荐给文学刊物，同时希望小伙子能坚持创作，继续将自己的作品寄给他。于是，老少两位诗人开始了频繁的书信往来。一时间，爱默生与这位青年成为了忘年交。

在爱默生的影响下，青年诗人很快就在文坛中小有名气。但此后，这位青年再也没有给爱默生寄过诗稿，但信越写越长。信中所谈全是他的奇思妙想，字里行间更是以著名诗人自居，语气变得越来越傲慢。

爱默生开始感到不安，他发现虚名和危机正慢慢吞噬年轻人的才华。虽然通信一直在继续，但爱默生的态度逐渐变得冷淡，进而转变成了一个倾听者。

后来，在一次文学聚会上，老少两位诗人再次相遇了。爱默生便关心地询问年轻人为何不再寄诗稿了。

"我在写一部长篇史诗。"青年诗人信心满满地答道。

"你的抒情诗写得很出色，我看将来必有所成，为什么要半途而废呢？"爱默生追问。

"一个真正的大诗人就必须写长篇史诗，那些抒情诗有什么意义？"年轻人不可一世地说。

"难道你认为以前的那些作品都是小打小闹吗？"爱默生感到悲哀。

"是的，我是个大诗人，我必须写大作品。"年轻人仍然执着地回答。

至此，爱默生近乎无奈，最后他只说了一句："我希望能尽早读到你的大作！"于是，这段忘年交告一段落。

在那次文学聚会上，这位被爱默生称赞过的青年诗人大出风头。他逢人便侃侃而谈，锋芒毕露。虽然谁也没有拜读过他的大作，但几乎每个人都认为这个年轻人必成大器，因为他得到了大作家爱默生的赏识。

但事实却并非如此。那年的冬天，爱默生收到了来自青年诗人的最后一封信，信中他终于承认之前畅想的所谓"大作"，完全是子虚乌有。信中有这样一段话：

"很久以来，我一直都渴望成为一个大作家，周围所有的人也都认为我是一个有才华、有前途的人，当然，我自己也一度是这么认为的。我曾经写过一些诗，并有幸获得了阁下您的赞赏，我深感荣幸。我深感苦恼的是，自此以后，我再也写不出任何东西了。不知为什么，每当面对稿纸时，我的脑中便一片空白。我认为自己是个大诗人，必须写出大作品。在想象中，我感觉自己和历史上的大诗人是并驾齐驱的，包括尊贵的阁下您。在现实中，我对自己深感鄙弃，因为我浪费了自己的才华，再也写不出作品了。"

从那以后，爱默生就再也没有得到关于这位青年的任何消息。

名利的确能够给人带来巨大的物质利益，能够满足人的虚荣心，但是如果过分地追名逐利，一定会给自己带来无尽的烦恼。萨克雷的《名利场》中的主人公蓓基·夏普，一生都是在不断追求中度过的，但是到最终，她的一切心机却全部白费了。作者最终在书中以这样伤感而又无奈的语气说道："唉，浮名虚利，一切虚空，我们这些人谁又是真正快活地活着的？谁又是称心如意地活着的？就算当时遂了自己的心愿，以后还不是照样不知足？"

袁隆平认为：要淡泊名利，踏实做人，才能取得一定的成就。现在少数人搞学术腐败，就是功利心、享乐心太重，急功近利，弄虚作假，到头来害人害己，只有踏踏实实地做人、做事，才能使心灵获得真正的满足。在金钱面前，袁隆平仅仅只满足于基本的生活需求，对此，他解释道：精神上丰富一点，物质上和生活上看淡一点，因为一个人的时间与精力是有限的，如果内心总想着名利，哪儿有心思搞科研？在吃方面以清淡和卫生为贵，在穿方面只要朴素大方就行了。如此这样，才能保持身心健康，心情也才能愉快，事业也才能取得更大的成就。

生活中，做人不必完全淡泊名利，毕竟名利也是个人价值的一种外在形式，但一定要对名利保持平和的心态，堂堂正正做人，踏踏实实做事，能够平静地对待生活，平静地对待身边的人与事，得到了就欣然接受，失去了也泰然处之；在鲜花掌声中不忘形，面对冷嘲热讽也无所谓；得意时不张扬，在挫折面前也不忧伤……唯有在这种心态下生活的人，才能活得快乐和洒脱，也才能获得旁人的欣赏与尊敬。

享受生活
而不是享受金钱

金钱对生活不可或缺，但金钱却不是生活的全部。仅仅享受金钱的人，不见得真正懂得享受生活，而真正懂得享受生活的人，绝不会以金钱作为唯一的目标。

生活是平实的，但平实中却蕴含着许多东西，寻找到自己生活的目标，为之付出努力，等待最后的收获，这样的生活才是最有意义的，太过注重金钱而忽视生活的人，最终即使他收获了金钱，但他却不一定能收获幸福。

有一个小伙子，因为自己发不了财，终日愁眉不展。

这一天，走过一位老人，问他："年轻人，你干吗不高兴？"

青年人回答："我不明白我为什么老是这么穷。"

"穷？我看你很富有嘛！"老人继续答道。

"这从何说起？"青年人问。

老人没有直接回答，而是说："假如今天我折断了你的一根手指。给你1000元，你干不干？"

"不干。

"假如斩断你的一只手，给你1万元，你干不干？"

"不干。

"假如让你马上变成80岁的老翁，给你100万元，你干不干？

"不干!"

"这就对了,你身上的钱已经超过100万元了,你还不高兴吗?"

老人说完笑吟吟地走了,留下那个青年在思考。

拥有财富,是每个人都希望的,也是当今许多人为之奋斗的目标,财富在某种程度上成了一个人成功的标志。怎样看待财富呢?这又是我们生活中所面临的一个问题。有的人衣食无忧却抑郁寡欢,而有的人虽然清贫,每日粗茶淡饭,却能幸福快乐。

可见,金钱并不是唯一能够满足心灵的东西,虽然它能为心灵的满足提供多种手段和工具。但在现实生活中,你却不能只顾享受金钱而不去享受生活。享受金钱只能让自己早日堕落;享受生活却能够使自己不断品味人生的幸福。享受金钱会使自己被金钱这个恶魔无情地缠绕,于是自己的生活主题只有"金钱"两字,整天为金钱所困惑,为金钱而难受,为金钱而痛苦,生活便会沦为围绕一张钞票而上演的闹剧;享受生活的人则不在于自己有多少金钱,钱多可以生活,钱少一样可以生活。享受金钱的人最后会被金钱"妖魔化",绝对没有好的下场;享受生活的人会感觉人生是无限美好的,于是越活越有滋味。

美国石油大王洛克菲勒出身贫寒,在创业初期,人们都夸他是个好青年。当黄金像贝斯比亚斯火山喷出的岩浆似的流进他的口袋里时,他变得贪婪、冷酷。深受其害的宾夕法尼亚州油田地区的居民对他深恶痛绝。有的受害者做出他的木偶像,亲手将"他"处以绞指之刑,或乱针扎"死"。无数充满憎恶和诅咒的威胁信涌进他的办公室。连他的兄弟也十分讨厌他,还特意将儿子的遗骨从洛克菲勒家族的墓地迁到其他地方,他说:"在洛克菲勒支配下的土地内,我的儿子变得像个木乃伊。"

由于洛克菲勒为金钱操劳过度,身体变得极度糟糕。医师们终于向他宣告了一个可怕的事实,以他身体的现状,他只能活到50多岁;并建议他必须改变拼命赚钱的生活状态,必须在金钱、烦恼、生命三者之中选择其一。这时,离死亡不远的他才开始省悟到是贪婪这个魔鬼控制了他的身心,他听从了医师的劝告,退休回家,开始学打高尔夫球,上剧院去看喜剧,还常常跟邻居闲聊,经过一段时间的反省,他开始考虑如何将庞大的财富捐给别人。

于是,他在1901年设立了洛克菲勒医学研究所;1905年,成立了教育普及会;1913年,设立了洛克菲勒基金会;1918年,成立了洛克菲勒夫人纪念基金会。

他后半生不再做金钱的奴隶,他喜爱滑冰、骑自行车与打高尔夫球,到了90岁,他依旧身心健康,耳聪目明,日子过得很愉快。

他逝世于1957年,享年98岁。他死时,手中只剩下一张标准石油公司的股票,因为那是第一号,其他的产业都已在生前捐赠或分赠给继承者了。

前半生的洛克菲勒总在为金钱而奋斗,他收获的越多,离幸福就越遥远,甚至最终受到了健康的威胁。反省之后,他改变了生活态度,摆脱了金钱的束缚,他的生活也就有了更多的快乐。

对待金钱,你必须要拿得起放得下,赚钱是为了活着,但活着绝不是为了赚钱。假如一个人活着只把追逐金钱作为人生唯一的目标和宗旨,那他就为自己的人生找到了一个绳索,他就会变成最可怜的动物，他的生活永远只会被自己所制造出来的这种工具捆绑起来。被金钱所捆绑的人生是悲哀的，而能够超脱看待金钱的人，才能成大器。

第六章

有格局者，自主自立有识见

安心做自己，
是最从容的活法

面对生活，每个人都可以选择自己的态度。有些人羡慕别人的成绩，于是听取别人的意见，跟随别人的脚步去寻找自己的生命轨迹。也许这样可以获得一份安稳的生活，但会缺少生活应有的激情和意外的收获。

遵从自己的内心，主动去寻找生活的方向，依靠自己的想法，去解决面对的问题，拥有这种态度的人，可以获得更好的生活。安心做自己的人，才会活出最精彩的人生，因为他们时刻掌控着自己的命运。

美国前总统罗纳德·里根小时候曾到一家制鞋店定做一双鞋。鞋匠问年幼的里根："你是想要方头鞋还是圆头鞋？"里根不知道哪种鞋适合自己，一时回答不上来。于是，鞋匠叫他回去考虑清楚后再来告诉他。过了几天，这位鞋匠在街上碰见里根，又问起鞋子的事情。里根仍然举棋不定，最后鞋匠对他说："好吧，我知道该怎么做了。两天后你来取新鞋。"

到店里取鞋时，里根发现鞋匠给自己做的鞋子一只是方头的，另一只是圆头的。"怎么会这样？"他感到纳闷。"等了你几天，你都拿不定主意，当然就由我这个做鞋的来决定啦。这是给你一个教训，不要让人家来替你做决定。"鞋匠回答。里根后来回忆起这段往事时说:"从那以后,我认识到一点:自己的生活要自己做主,如果遇事不能自己做主,就等于把决定权拱手让给了别人,一旦别人做出糟糕的决定,到时后悔的是自己。"

生活中,也许很多人都会发出这样的感慨:从上学到现在,从来都没有为自己做过主,一直都把那个属于自己的梦想放在最后的位置。完成了父母的心愿——考上大学,却在众人的欢呼雀跃中感受到了自己的失落,成就了别人,委屈了自己,这就是我想要的幸福吗?难道真的就这样与自己的理想失之交臂了吗?

自己把握人生,是对自己生命的主动出击,是对自己生命价值的自我掌握,是对自己人生旅程的自动调节。自己做主,就是自己掌控自己的生活,自己规划自己的人生轨迹,对自己的爱好、事业、前途、婚姻,以及要什么、不要什么,心里很清楚,并有自己独到的看法和主张。说到底,生活中一个人有没有主张,关键是看他心中有主还是无主。心中有主,人生就可能游刃有余,伸展自如,书写精彩纷呈的人生画卷;心中无主,则容易随波逐流,忐忑难安,极易彷徨失落,不堪一击。

生活中的你,不管从事什么工作,不管职位高低,都要安心做自己,才会生出高效率。即使你是一个鞋匠,心里也要想着做一个最好的鞋匠,拥有这样的心态,工作才是充实而有意义的。现实中,如果一个人不能安心做自己,很容易被周围人影响,那他的人生道路很容易出现起伏,如果不能及时应对,甚至有可能给生活带来巨大损失。

有一位艺术造诣很深的年轻人,每天都要花很长时间练琴。大学毕业后，他顺利申请到奖学金得以继续深造。他每天苦练 8～10 个小时，但这样的日子没过多久，他就辍学了。他之所以做出这样的决定，是因为他必须在不同的观众面前演奏，因此也要接受各类批评。有的批评很中肯，有的却流于恶意攻击，一旦遭受批评，他会因此一蹶不振，情绪低落，甚至让他不愿再碰心爱的钢琴。

不管朋友怎么劝他，他都无法释怀。无谓的批评像利剑一样刺痛他的心，使他丧失了追求梦想的勇气。他最终决定改行去做老师，回大学考取教育学位，不过，他不希望自己的生活再与音乐有任何联系，甚至连教音乐也不愿意。

也许我们应该指责那些给出意见的人，他们没有考虑自己提出意见的后果，但作为当事人，自身没有甄别评判的能力，不能承受舆论的压力，没有安心做回自己的人生态度，小小的挫折就让自己放弃了对目标的坚持，也许自己才是最应该为后果负责的人。任何目标都会有风险，任何道路也都可能招来人们的议论，用安心做回自己的态度去从容面对，也许这样可以让自己的人生道路走得更顺利一些。

我们应当对环境有自己的判断，对于所面对的工作和职责，应该有自己的认识，主动地去选择自己的道路，不要受环境与他人的影响。这样的人，性格才是最坚定和沉稳的，他们更容易做出一番成绩，也更容易活出自己的精彩，因此也会成为人们最欣赏和钦佩的人。

一味盲从
只会将生活带入误区

法国自然科学家们曾经做过一个有趣的实验,他们把一群毛虫放在一个盘子的边缘,让它们一个跟着一个,头尾相连,沿着盘子排成一圈。于是,这些毛虫开始沿着盘子爬行,每一只都紧跟着自己前边的那一只,既不敢掉队,也不敢独自走新路。它们连续爬了七天七夜,终于因饥饿而死去,而在那个盘子中央就摆着它们喜欢吃的食物。

你也许会讥笑毛虫的呆板与愚蠢,那么,你有没有想过自己有时也会犯同样的错误。大家一起讨论问题,当你的观点与其他人不同时,即使自己是对的,是否也感觉不妥,放弃自己的意见而"随大流";参加活动,为了和大家保持一致,你是否选择了"委曲求全";周围的许多同学都在谈恋爱,你是否认为自己如果不找个异性朋友谈谈,就显得没有魅力……

人与人之间的关系是很复杂、很微妙的,同样的行为,别人做的时候可能不会产生什么不利影响,而当自己也这么做的时候,最终结果却完全不是自己想象中的。盲目跟随他人,只会让自己陷入困境。

某公司企划科李某升为科长,同一间办公室相处几年的同事忽然升迁了,对每个人来说都是一个刺激与震动。平日不分高下,暗中竞争的同事成了自己的上司，总让人有那么一点酸酸的感觉。企划科李某的几个同事背后嘀咕："哼！他有什么本事，凭什么升他的官？"因为心里嫉妒、不服气，七嘴八舌地把李某数落得一无是处。

王新是分配到企划科不久的大学生，见大家说得激动，也毫无顾忌地说起了李某的坏话，如办事拖拉、疑心太重等。可偏有一个阳奉阴违的同事，背后说李某的坏话说得比谁都厉害，可一转身就把大家说李某坏话的事全盘端给了李某。

李某想：别人对我不满说我的坏话我可以理解，你王新乳臭未干有什么资格说我，从此对王新很冷淡。王新大学毕业，一身本事得不到重用，还经常受到李某的指责和刁难，成了背后说别人坏话的牺牲品。

别人怎么说，自己也怎么说，没有分析周围的环境，更没有明确自己的角色定位，完全没有考虑到自己所说的话会产生什么后果，当这些话传到对方耳朵中时，自己的工作就变得很被动。这还仅仅是在口头上，如果在行为上也盲从于别人，那后果就会更加不堪设想。

盲从会失去自己的原则，往往会给自己带来损失或伤害，要想在生活中、事业上有所成就，就必须摆脱盲从的习惯，善于用自己的头脑思考问题，做出人生的抉择。总是跟随别人而不敢表达自己的人，只会淹没在茫茫人海中，不会引起大家的注意，更不会赢得人们"特别"的欣赏。对于那些能够取得显著成绩的人，他们有着一种共同的特质，那就是首先让人们听到他们的声音。

一次，参加某个社交聚会，大家的话题正转入最近发生的某个事件。当时，在场的大多数人对这件事情持赞成观点，只有其中一位男士表示了不同意见。

他先是客气地表达了自己的不同意见，后来有人直截了当地问他的真实看法，他才微笑地回答："我本来不希望你们问我，因为我与各位的立场是一致的，并且这又是一个愉快的社交聚会，但既然问了我，我就把自己的观点说出来。"

他把自己的观点进行简单而完整的述说后，立即遭到大家的一致围攻。但他坚定自己的立场，不做出丝毫让步，对于大家提出的疑问与观点，也一一进行解释和辩驳。最终，他虽没有说服别人同意他的观点，但他却赢得大家的尊重，因为他坚定了自己的信仰。他成为那场聚会的成功者，因为没有人像他那样给人留下如此深刻的印象。

没有人愿意听到不同的意见，因为那意味着纷争和矛盾；但不会有人不尊重这些独立的声音，因为它往往会对事物的发展提供最好的支持。正因如此，人们对于那些不盲从的人会有更多的欣赏。

如果一个人没有自己的判断，那么他只能跟随别人的脚步；如果一个人没有自己的思想，那就只能做别人思想的应声虫。能够独立思考的人，不会跟随别人的步伐，能对自己的言行负责，他一定更容易取得优异的成绩，并且他也一定会获得人们的尊重，因为人们都想听听这个人会提出什么不同的见解。

不要对不了解的
事妄下结论

德国诗人歌德曾说:"真理就像上帝一样。我们看不见它的本来面目,我们必须通过它的许多表现而猜测到它的存在。"

真理往往细弱如丝,混杂在一堆假象里,我们的眼睛、我们的心智,甚至我们道德上的缺失都会阻碍我们去敲响真理的大门,对不了解的事、对尚未为人所知的领域做出错误的判断。

一户人家养了一条狗和一只猫。

狗很勤快。家中无人时,它便会竖起耳朵,机警地在主人家周围巡视,哪怕有一丁点动静,狗也要狂吠着飞奔而去,就像一名恪尽职守的警卫,兢兢业业做着看家护院的工作。当主人回家后,狗才稍稍放轻松,有时还会伏地沉睡。

在主人眼里,这只狗是懒惰的,是极不称职的,所以经常不喂饱它,更别提奖赏它好吃的。

这只猫是懒惰的。每当家中无人时,它便伏地大睡,哪怕成群的老鼠出现在它面前。睡好了,它就到处散步。等主人一回家,它精神抖擞,这儿瞅瞅,那儿望望,看上去就像一个非常勤奋的卫士,时不时还要去给主人舔舔脚、逗逗趣。在主人眼中,这无疑是一只勤快又热情的猫。这只猫自然也从主人那里得到了不少好处。

由于猫不尽忠职守,家里的老鼠越来越多。终于有一天,老鼠将主人家最值钱的家具咬坏了，主人非常生气。他召集家人，说道："你们看，我们家的猫很勤快，老鼠这么猖狂，只能有一个原因，那就是我们的狗太懒惰了，它整天睡觉，从不帮猫捉老鼠。我郑重宣布，将狗赶出家门，再养一只猫。大家有什么意见？"家人纷纷附和。

最终狗被赶出了家门。自始至终，它都不明白被赶走的原因。它只看到那只肥猫在它身后窃窃地发出轻蔑的笑声。

狗是冤枉的，猫是狡猾的，主人眼中所看到的现象与现实是完全颠倒的。这位主人仅仅依靠表象就下了最后的结论，缺乏自己的分析与判断，因为见识短浅，最后不会有好的结果。当狗离开后，家里的老鼠不会减少；缺少了狗的守护，只会给家庭安全带来更多的危险。

眼睛偶尔也会欺骗我们的心灵，有时事情的表象会与真相背道而驰，如果不经过仔细的甄别就对事情妄下结论，我们就永远发现不了真相，而被现实蒙蔽。

对于一个有识见的人来说，对于真实的情况必须要有自己的审视与判断，这样做事才是稳妥的，才不会因为自己的粗心大意，错失一些重要的机会。

一对衣着简单的夫妇坐火车去了波士顿，到了目的地，他们直接进入哈佛大学。

"对不起，我们没有预约，但是，我们想见校长。"那穿着破旧的手织套装的丈夫轻声地对秘书说。

秘书的眉头微皱："哎，校长？他整天都很忙。"

"没关系，我们可以等他。"穿着褪色方格棉布衣的妻子微笑着说。

校长的确很忙,他可能不会花太多时间在那些看似无关紧要的人身上,尽管很忙,校长还是点头同意会见他的客人。

女士告诉校长:"我们的儿子进入哈佛大学一年了,他爱哈佛大学,他在这里很快乐。"

"夫人,谢谢你的儿子爱哈佛大学,您知道,哈佛大学的学生都会爱哈佛大学。"校长说。

"可是在一年前,他意外地死了。

"噢,听到这个消息我很难过,真不幸,夫人。

"我丈夫和我想在学校的某个地方为他建一个纪念物。"

"非常遗憾,夫人!"校长并没有被打动,他说:"你知道,我们不可能为每一个进入哈佛大学后死去的人竖立纪念物。如果这样做,哈佛大学不就成公墓了吗?"

"噢,对不起,先生!"女士赶紧解释,"我们并不想要竖立一尊雕像。我们只是想说,我们愿为哈佛大学建一栋楼。"

校长的目光落在这对夫妇粗糙简陋的着装上,惊叫道:"一栋楼!你们知道建一栋楼实际上要花费多少钱?仅仅是哈佛大学的自然植物,价值就超过750万美元。"

校长为这远道而来的夫妇感到悲哀,他们真是太幼稚了,校长松了口气,他终于可以和这夫妇俩说再见了。

女士转过身平静地对她的丈夫说:"亲爱的,这笔经费不是可以另开一所大学吗?为什么我们不建立一所我们自己的学校呢?"

面对校长的疑惑,她的丈夫坦然地点了点头。

这对夫妇离开了,他们去了加利福尼亚州。在那里,他们建立了以自己名字命名的大学——斯坦福大学。

即使拥有了一双慧眼、一个聪明的大脑，却依然不能对事物做出正确的判断，其原因恰恰在于自己太过于相信表面所看到的现象。仅仅从着装上对这对夫妇有了简单的判断，就没有对问题进行更深入的了解，甚至都没有给这对夫妇表达他们意图的机会，就匆忙结束了谈话。因为校长的鲁莽，让他失去了一个好机会。

只有那些最有识见的人，才懂得从表象中去探求问题的本质。他懂得分析，善用调查，对现实情况有了最深刻的认识之后，才会做出自己的评判。他们的评价是最准确的，而他们的意见也往往可以对事情的发展产生好的影响。

要有审视权威的勇气

一位睿智的先哲曾说："每个人都要仔细观察哪条路是他的心拉着他走的路，然后全力以赴地去选择这条路。"

一个真正认识自己、相信自己的人就是自我命运的主宰。他不需要去膜拜任何外在的力量，也无须向任何人低头。对这样的人来说，他的命运就藏在自己的心里，而不是被别人的评论所掌控，更不会陷入权威的阴影中。

芸芸众生中，有多少人在走着一条朝"圣"之路，在这条路上，又有多少人一次又一次地失去自我，向权威俯首称臣。别人伟大，那是因为你跪着，这个世界上，除了你自己，没有任何力量能迫使你下跪。生活中，许多人之所以活得不尽如人意，就是因为老在别人的阴影中生活。只有永远保持自己站的权利，你才会被别人所尊重。

英国的一个城市公开招聘市长助理，招聘条件必须是男人。当然，这里所说的男人并不仅从生理上界定，它指的是精神上的男人，每一个应聘的人都明白。

经过了多番文化和综合素质的角逐，有一部分人获得了参加最后一项特殊考试的权利，这也是最关键的一项。那天，他们轮流去一个办公室应考，这最后一关的考官就是市长本人。

第一个男人走进来，只见他一头金发熠熠闪光，高大魁梧，仪表堂堂。市长带他来到一个特别的房间，房间的地板上撒满了碎玻璃，尖锐锋利，望之令人心惊胆战。市长以万分威严的口气说："脱下你的鞋子！将里面桌子上的一份登记表取出来，填好交给我！"这个男人毫不犹豫地将鞋子脱掉，踩着尖锐的碎玻璃取出登记表填好交给了市长。他强忍着钻心的痛，依然镇定自若，表情泰然，静静地望着市长。市长指着一个大厅淡淡地说："你可以去那里等候了。"男人非常激动。

市长带着第二个男人来到另一间特殊的屋子，屋子的门紧紧地关闭着。市长冷冷地说："里边有一张桌子，桌子上有一张登记表，你进去将表取出来填好交给我！"男人推门，门是锁着的。"用脑袋把门撞开！"市长命令道。男人不由分说，低头硬撞，一下、两下、三下……足足有半个小时，头破血流，门终于开了。他取出表认真地填好交给了市长，市长说："你可以去大厅等候了。"男人非常高兴。

就这样，一个接一个，那些身强体壮的男人都用自己的意志和勇气证明了自己。市长表情有些沉重。他带最后一个男人来到一个房间，市长指着站在房间里的一个瘦弱的老人对男人说："他手里有一张登记表，去把它拿过来填好交给我！不过他不会轻易给你的，你必须用你的铁拳将他打倒……"男人严肃地看向市长："为什么？你得让我知道理由！""不为什么，这是命令！"市长答道。"你简直是个疯子，我凭什么打人家？何况他是一个孱弱的老人！"男人反驳着。

市长又带他分别去了那个有碎玻璃的房间和紧锁着门的房间，同样遭到了他的反对和拒绝。市长对他大发雷霆……

男人气愤地转身就走，但被市长叫住了。市长将这些应聘的人都召集在一起，告诉他们只有最后一个男人被选中了。

那些受伤的人都捂着自己的伤口审视着被选中的人，当发现他身上的确一点伤也没有时都惊愕地张大了嘴巴，非常不服气，异口同声地问："为什么？"

市长说："你们都不是真正的男人。"

市长语重心长地说："真正的男人懂得反抗，是敢为正义和真理献身的人，而不是选择唯命是从，做出没有道理的牺牲。"

过分地相信权威，从未对它有过质疑的人，也许就会被权威引入歧途，不见得会取得好的效果，自己还会被磕碰得一身是伤。其实真正的权威，并不是要求一个人绝对依附，正如这位市长挑选助理一样，他需要的是一个有见识的男人，拥有自己的判断和气魄的男人，这样的人才会更好地完成工作。

在电影《锡制酒杯》中，凯文·考斯特尼扮演的主人公强调："当你需要做出决定的瞬间出现时，你可以决定这一时刻，或者让这一时刻决定你。"面对未来的生活，一个人如果将自己的命运交给权威，那么他就只会成为权威的一个依附，而当一个人敢于对权威进行质疑和选择时，他的生活才会拥有超越权威的精彩，而这样的人也往往是人们最佩服的。

聪明的人
不和别人抢一碗饭

很多人都会有千军万马过独木桥的经历，大家站在一个起跑线上，为了一个目标而奋斗。竞争的激烈、过程的辛苦，可能很多人对此都会有深刻印象。但那些足够聪明的人，却能独辟蹊径，不与别人争抢一碗饭，却能比别人更快获得成功，人们羡慕他们的成绩，更佩服他们所具有的独特智慧。

在工作与生活中，人们必然会经历残酷的竞争，那么能否找出属于自己独特的"制胜秘笈"呢？

美国哈佛大学要在中国招一名学生,这名学生的所有费用由美国政府全额提供。考试结束了,有30名学生成为候选人。

考试结束后的第10天是面试的日子,30名学生及其家长聚集在上海的锦江饭店等待面试。

当主考官劳伦斯·金在饭店的大厅一现身,立刻被包围了起来。考生们用熟练的英语向他问候,有的甚至还迫不及待地向他做自我介绍。

有一名学生,不知是站起来晚了,还是什么别的原因,总之,没来得及围上去。他站在那儿,不知如何是好。

这时,他看到了被冷落一旁的劳伦斯·金的夫人,于是就走向前去和她打招呼。他没有做自我介绍,也没有打听面试的内容,而是问她对上海的感觉如何。就在劳伦斯·金被围得水泄不通、不知如何招架的时候,他俩在大厅的一角,却聊得非常投机。

这名学生在30名候选人中,成绩不是最好的,可是,最后他被劳伦斯·金选中了。

这名学生是个非常聪明的人,他抓住了一个难得的机会,当29个学生都围着劳伦斯·金先生寻找机会的时候,他却与旁边孤独的劳伦斯·金夫人交谈起来,他非常懂得把握分寸,并没有谈论面试的事情,只是以朋友的身份聊一些家常,无形中也就给对方留下了深刻的印象,最终成功获得这个难得的机会。

每个人生活中都会遇到类似的情况,一个人能否从竞争中脱颖而出,在很大程度上取决于你是否具备这份独特的识见。看大家蜂拥而上去争取一个机会,那还不如退而思考,去寻找一条独特的属于自己的道路，也许这可以为自己走向成功带来更多可能。

赵家湾是黄海边的一个小渔村，赵运从小在这里长大。这两年赵家湾开发旅游业，外来经商旅游的人越来越多，一些村民开起了海鲜小吃店，赚了不少钱。于是赵家湾的街头，小饭馆一家挨一家，生意虽然不是很红火，但也比打鱼种田强多了。

赵运高中毕业后，父母也准备凑钱开一家小饭店，给孩子谋一个能吃一口安稳饭的职业。赵运却有自己的想法，他认为开饭店虽有亲友的成功经验可借鉴，做起来也不太困难，但是现在市场已饱和，很难有大发展。经过认真的调查思考，赵运决定利用本地随处可见的贝壳，加工成工艺品卖给游客。他请母校的美术老师给自己制订了方案，共同设计了十二生肖、山水风景、花鸟鱼虫等一大堆草图。他买来各种颜色的油漆、黏合剂和一些工具，挑灯夜战，当天就完成了30多件小工艺品。

第二天，赵运将自己的贝壳工艺品带到各处的景点去卖，一下子招来很多游客，净赚了100多元。干了一年后，赵运扩大规模，成立了自己的贝雕工艺中心，到当地工商部门注册后，招了几个帮手和自己一起干，产品卖到了全国各地。

在赵运的家乡，开饭店卖海鲜是最快捷的创业之路，很多人都在做，而且还小有收益。当大家的眼光都盯在鱼虾鲜贝上的时候，贝壳工艺品就成了冷门中的热门，只有有远见卓识的人，才能够抓住这些难得的机会，并从中创造经济效益，而赵运就是这样的人。

其实，平日里司空见惯的模式，不一定就是最成功的模式，大家都在走的路，不一定就是通向成功的捷径。一个男人必须要有自己的识见,总是跟在别人后边,只能吃别人剩下的残羹冷炙;能够独辟蹊径的人,才能成为时代的"领头羊"。

每一种文化、行业和机构都有自己看世界的方式。新的观念、好的主意常常来自冲破思想的牢笼,一个人如果能把目光投向新的领域,往往会开创出一片属于自己的独特空间。

同样的问题,
要能寻找不同的解决办法

面对相同的问题,不同的人总能找到不同的方法解决。有些人会被问题困扰,花费很多精力,依然不能解决;有些人却能独辟蹊径,虽经历激流险滩,依然让自己的生活之舟保持平稳;还有些人甚至能将原本的困境转变成为一次发展的契机。从这些不同的结果中,能看出一个人识见的重要。

在英国麦克斯亚法庭,一位中年妇女声泪俱下,严词指责丈夫有外遇,要求和丈夫离婚。她向法官控诉自己丈夫,指责他不论白天黑夜,都要去运动场与"第三者"见面。

法官问这位妇女:"你丈夫的'第三者'是谁?"

她大声回答:"'第三者'就是那个臭名远扬、家喻户晓的足球。"

面对这种情况,法官啼笑皆非,不知如何应对,只得劝说妇女:

"足球不是人，不能成为被告，要告也只能去控告生产足球的厂家。"

原本只是生活中一个小的闹剧，不料，这位中年妇女还真向法院控告了一个一年可以生产20万只足球的厂家。

更让人意想不到的是，这个被控告的足球厂，在接到法院传票后，不怒反喜，竟爽快地答应出庭，最后主动建议出资1077英镑作为这位妇女的孤独赔偿费。看到这种情况，这位妇女喜出望外，转而破涕为笑，她在法庭上大获全胜。

这场因足球引起的官司，在英国引起巨大轰动，新闻媒体都纷纷报道。头脑精明的厂长，敏锐地利用了一次非常糟糕的事件却大做文章，没花一分钱广告费，就让他和他的足球厂名声大噪。

厂长在接受记者采访时说："妇女与其丈夫闹离婚，说明我们厂生产足球魅力之大，她的控词为我们做了一次绝妙的广告。"厂家产品销量直线上升，成为同行中的"领头羊"。

按照惯性思维，如果足球厂认为这位妇女只是无理取闹，对控告置之不理，或者利用法律的手段去捍卫自己应有的权益，那么最终结果，即使赢得诉讼，也不会对自身发展有太大影响。适当转变一下思路，不要总是用一种方式去处理所遇到的问题，换一个角度看待问题，也许会找到更好的应对方法。聪明的厂长，最终将一场"闹剧"转变成一次展现自己、宣传自己的绝佳机会。

在工作与生活中，我们也需要经常借鉴这样的思维方式。这样不仅会让自己少走许多弯路，还会因此找到人生的捷径。如果自己遇到一件糟糕的事情或是一个解决不了的难题，不要总是一条道儿走到黑，有时转换一下思路，找到不同的认识视角，也许就可以找到解决的方法，甚至发现一些意想不到的机会。

日本江户时代，一个将军要到东照宫进谒天皇，不料出发前一天下了一场暴雨，石砌城墙坍塌，挡住进谒道路，当地城主不得不想尽办法把这些石头弄走。

虽然城主召集手下来做这件事，但遇到了大麻烦。像往常一样，他们把抬来的原木放在地上，然后把石头放在上面，但原木却嵌入稀泥中，石头根本无法滚动。而且石头过于庞大，想把它抬走十分困难，根本不可能在短时间内完成。

无论用什么办法，都不能搬走石头，将军也不能按时出发。按照当时法律，城主一定会判死罪。城主无计可施，决定剖腹自杀，以示谢罪。这时，一名伊豆守救了城主一命。

伊豆守向城主建议，在石头周围挖洞，把石头埋起来，这个方法最终救了城主的性命。

伊豆守思考方式与众人不同：人们只想如何搬走石头，就会预设一个前提——石头必须搬走，而伊豆守却能从自己的角度思考问题，在石头不搬走的情况下，如何让将军顺利地通过道路，最终问题得到圆满解决。识见的不同，可以改变一个人的命运。

为自己活
而不是为别人活

每个人都不能脱离他人而存在,总会受到他人的影响,但每个人又希望能活出自己的精彩,能找到属于自己的一片天空。

总是为他人而活的人,时刻惦记的是他人的恩惠,难以忘记他人的嘱托。这样自己就会背上沉重的负担,在前进的路上也会有很多牵绊,活不出自己的价值,更不会取得令人欣喜的成绩。超越这种束缚,学会为自己而活,从别人的评价中,找到属于自己的道路,最终才能活出自己的精彩,而这也恰恰是对那些给予过你帮助的人的最好回报。

美孚石油董事长洛奇到一家分公司视察,在卫生间遇到一位小伙子,他跪在地上擦洗一块地板上的水渍,每擦一下,就虔诚叩一个头。洛奇很奇怪,问他为何这样。

小伙子回答他:"我在感谢一位圣人,他帮我找到了工作,让我有饭吃。"

洛奇笑了,说:"我也曾遇到一位圣人,他使我成为董事长,你愿意见一下吗?"

小伙子说:"我是孤儿,从小靠别人养大,我一直都想报答养育过我的人。如果这位圣人能使我吃饱饭,还有零花钱,那么我很愿意拜访。"

洛奇说:"在南非有一座高山,叫胡克山。那里住着一位圣人,能为人指点迷津,凡是遇到他的人都前程似锦。10年前,我曾到过那里,得到他的指点。假如你愿意拜访,我可以准你一个月的假。"

年轻小伙上路了。他风餐露宿,日夜兼程,终于到达了他心中的圣地。但是,他在山顶徘徊一天,除了自己,什么都没遇到。

小伙子失望而归。他见到洛奇第一句话是:"董事长先生,我一路上处处留意,可到了山顶,我才发现,除我之外,根本没有什么圣人。"

洛奇说:"你说得很对,除你之外,根本没有圣人。因为,你就是自己的圣人。"

后来,这位小伙子成了美孚石油公司一家分公司经理。在一次接受记者采访时,讲述了上面的故事,并补充道:"发现自己的那一天,就是人生成功的开始。只要相信自己,就能够创造奇迹。"

小伙子是个懂得感恩的人。他是一个孤儿,他知道因为获得了很多人的帮助,才有了今天的生活,但他不知道最应该感谢的人其实是自己,自己才是生活最主要的创造者。别人帮助自己,只是为了让你有一个更美好的生活,如果时时刻刻总是惦记别人,无形中也就会忽略自己面前的道路,有时,将自己从对别人的关注中解脱出来,才能发挥出一个人最大的力量。

人生一定要展现出真实的自我,这样才能不辜负生命的美好,才能使生活不再寂寞。如果一个人找不到自我,那么他的生活注定没有精彩。

有一个男孩从小写字就不好看,上学期间总是被同学嘲笑,渐渐地他开始害怕在别人面前写字。每当有人站在他面前，不管对方有没有在看他写字，他低头写字的时候总会在想：他在研究我的字体，我的字这么难看，他肯定在心里笑话我！这么想着想着，男孩心里便开始害怕，手就开始发抖，写得很不自然，越想认真写，手就越抖！这种心理使男孩很痛苦。高三上学期，他的语文老师换了，新老师一来就要求同学们把要背诵的课文再复习一下，下周准备默写。男孩想给新老师一个好印象，就用心地把那篇文章背熟还默写了好几遍确保没有错别字。本以为能轻松搞定那次默写，谁知到了下周，老师一进教室，男孩突然害怕极了，心里特别紧张。大家已经开始默写了，可他紧张得手不停地发抖，一个字也没有写出来，面对这种状况，男孩痛苦极了。

上大一的时候，男孩和几个舍友加入了某文学社团，这个社团要经常开会发布一些通知，每次集合都要到负责人那儿签到，男孩不敢当着别人的面签字，他担心自己手抖，写不出来，于是男孩开始害怕集会，一看到那么多人集合，他就紧张。这极大地影响了男孩的整个大学生活，本想在大学期间多参加些集体活动，也好多锻炼锻炼自己，可是因为太在意别人的评论，他一次又一次与机会失之交臂。

现在男孩已大学毕业，亲戚帮他找了份工作，待遇不错，父母让他好好珍惜。男孩听说工作不久就得跟单位签合同，一想到这事，男孩又陷入了恐惧中，不知道该怎么办……

当然，人都是要面子的，每个人都很在意自己的形象，这是正常现象，但不能因为要面子而失去自我。

如果一个人总是生活在别人的评价中，那么他可能就会迷失生活的方向。别人对你的评价不一定都是完全正确的。有些人评价别人时专挑好听的说，如果是这样，你可能会错误地高估自己，自我感觉良好，可能会轻视别人，甚至目中无人、自以为是；有些人评价别人时可能专挑坏的讲，故意贬低你，这样就会让你低估自己，自卑消极。人一定要树立起为自己而活的态度，要了解自己、认识自己，要有一个正确的自我评价，并以此去探求自己的生活目标。

有识见的人，能够听取别人的意见，但是他从不会失去自己的方向；他懂得有效借鉴别人，但又不会失去自己的角度；他会抉择自己的生活，他也会为此负责。

做事要有自己的分析和判断

生活，每天都处在选择中，可以说生活的本质就是选择。通过选择，我们寻找自己的人生道路；通过选择，我们也展现出自身的性格与内在的智慧。

我们要有自己的主见，做事要有主心骨，不要依赖过去的经验，遇事都要经过思考。这是对人生各个方面做出正确抉择的基础，也是获得成功的必要条件。

战国时候，齐将田单以火牛阵大败燕军，这是一个经典的战例。在唐朝时，房琯也想重演火牛阵，却落得笑柄，相同的故事，却是不一样的结局。

燕昭王时，燕将乐毅破齐，田单坚守即墨。田单向燕军诈降，使之麻痹，又于夜间用牛千余头，牛角上缚上兵刃，尾上缚苇灌油，以火点燃，猛冲燕军，并以五千勇士随后冲杀，大败燕军，杀死骑劫。田单乘胜连克七十余城。

"安史之乱"后，唐太子李亨逃出长安，在灵武即位，称肃宗。李亨反攻，房琯毛遂自荐，要求统率大军收复京城。房琯与幕僚商议后，决定效仿古法，以军车对敌。

他征集来两千辆牛车，排在中间，两翼用骑兵掩护，浩浩荡荡，向长安进发。那边安守忠一看对手如此用兵，喜出望外，令部队迅速占领上风位置，收集柴草，乘风放火，一面擂鼓呐喊。老牛哪见过这种阵势，烈焰腾空，战鼓雷鸣，吓得四处逃窜。安守忠乘势追杀，唐军大败。

唐军尸横遍野，死伤过万。杨希文、刘贵哲投向了叛军，最终房琯领着几千残军向灵武逃去。

历史是不可以重复的，如果忽略了今天的真实情况，只是在意这一方法曾在历史中起到的作用，最终是不会获得成功的，自己恐怕也要被后人当成笑话。

春秋时期，如果不是秦孝公敢于打破祖宗立下的规矩，支持商鞅变法，又怎么能使秦国实力雄厚，成为七国之首呢？正是一个君主有着敢于打破传统的决心，才能使一个国家拥有超凡的实力，使自己拥有一统江山的能力。

作为一个有识见的人，遇到事情一定要有自己的主意，同样的方法，也要有自己的分析和判断，这样才会产生应有的效果。如果只是盲目重复，不仅不会给自己带来成功，还会成为别人的笑柄。当自己的认识与大家不同时，要能够坚持己见，这样才能让自己的智慧发挥出最大的作用。人们欣赏有识见的人，那是因为他们的意见总能给人们带来最好的效果。

张辉是一所大专院校英语系的毕业生，毕业前曾到一家外贸公司实习。让大家感到意外的是，毕业后，这家公司主动联系他，想要聘用他。当时和他一起实习的还有几个本专业的本科生，跟人家比起来，他的专业并不对口，学历也低，好像没有什么理由可以让他被选中，但这样的情况就是发生了，大家非常意外，张辉对此也非常疑惑。

上岗后，张辉向经理询问其中的原因："为什么选用我，而没有选用其他国际贸易专业的学生？"

经理回答他说："你和他们不同。虽然是实习，那几个学生总是穿着懒散，而你穿得比较正式。他们看别的员工叫业务员'老陈'，他们也跟着喊'老陈'，你却叫他'陈老师'。因为是实习，其他人都没有全身心地投入工作，整天无所事事，等待实习期的结束。而你却主动跟同事跑业务。同事和外商交谈，你也总是在认真听他们说什么，并且很用心做记录。"

张辉说："我当时只是觉得自己比别人学历低，并且不是国贸专业，要学的东西很多，所以就比别人更努力一些。"

张辉是一个有主见的人，对于实习，很多人认为只是走个过场，没有必要认真对待。然而张辉对于实习有自己的考虑，他认为实践也是自己学习的机会。因为认知的不同，最终他成为实习的胜出者。

要想有所成就，就必须如一句西方格言所说："走自己的路，让别人去说吧！"做人应该知道什么东西该保留，什么东西是该坚持的。做事一定要有自己的主心骨，不盲目重复，不因为他人的意见而影响自己判断，这样才有让自己影响这个世界的可能。

成功是对一个人识见的最好回报

每个人都会面对相同的人生起点，但每个人的人生结果却又完全不同。如果对他们走过的人生轨迹进行比较，就会发现识见在一个人的命运中所起到的关键作用。那些有着独到识见的人，他们能够看到未来，也能够坚持己见，现实也会给他们最好的回报；而那些缺乏识见的人，他们对生活没有长远的规划，或者不能坚持己见，最后生活回报给他们的只有平凡。一个人要想获得成功，首先要让自己成为一个有识见的人。

《巴尔扎克像》是罗丹的代表作，不过在它刚被创造出来的时候，并没有得到社会的认可。

雕塑人物全身被裹在宽大睡袍里，头颅硕大，头发散乱，看起来显得非常慌乱；他的头侧向一边，似乎还在喘着粗气。法国作家协会看到委托罗丹创作的《巴尔扎克像》后，他们没有想到这位雕塑家会创作出这样一件"糟糕"的作品，在他们眼中，罗丹狂傲不羁的态度让他们感到惊讶而愤怒。虽然耗费罗丹7年心血，但人们绝不允许这座有损巴尔扎克形象的塑像出现在巴黎的任何地方。

罗丹在表现伟大作家巴尔扎克时，并不斤斤计较于细节精雕细琢。他反复探索的目标只有一个，就是展示这位天才的精神气质。他去了解了这位作家的生平和思想，选择极简构图，即裹着睡袍的巴尔扎克昂首凝思的瞬间，生动而有力体现了他在夜晚沉迷于创作的情景。

1939年，在距离罗丹设计雕塑42年、去世22年后，这座"毫无艺术价值"的塑像才完成它的落成典礼。德国大诗人里尔克这样描述，他说这座雕像传达出巴尔扎克创作时的"骄傲、自大、狂喜和陶醉"。

罗丹对传统表达手法进行大胆突破，他在寻求自己独特的表现手法，这在当时，是受到社会非议的，也是人们不可接受的。但罗丹依然选择坚持了他的理念，而这种坚持，最终获得了成功。

对于艺术家而言，必须要有自己独立的判断。在他们眼中，标准的美只是一种重复，只有超越这份约束，才能找到自己的表达方式，也才能探求到属于自己的美。

人生要想攀上事业巅峰，不是靠别人帮助，也不是靠机会垂青，而是要依靠自己的头脑。能够想到，自己才能做到；能够思考，才能寻找解决问题与实现目标的途径。让你的大脑充分发挥，才能使路途走得更为顺利，也才能体验到收获的喜悦。在这个世界，识见是一切成功、兴旺、幸福的源泉。一个人的识见决定了他的性格、事业乃至生活的方方面面。

1968年墨西哥奥运会上，一个名为理查德·福斯贝里的21岁跳高选手引起了大家的注意。他以一种奇怪方式进行跳高，场内8万名观众都被他吸引。在此之前，没有任何一个跳高选手能受到这样的关注。

之前，人们已经被告知福斯贝里将使用背越式跳法参加比赛，这种方式与传统方式完全不同。一种传统方式是运动员是先内脚起跳，再跳起外脚，最后跃过横竿；另一种就是剪式跳跃，像障碍赛跑中的跨栏动作。

福斯贝里没有这么做，他以"之"字形跑向横竿，外脚先起跳，在跳起后扭转身体，使头先过竿，然后身子仰面朝上完美过竿。这种跳法最后使他跳过2.24米高度，其他选手不得不放弃挑战。

最为重要的不是福斯贝里打破世界纪录，而是他使跳高有了实质性的突破，从而使人们看到身体运动的极限。为纪念他，后来人们将这种跳法称为"福斯贝里背越式跳高法"，这一名称一直沿用至今。

30多年后的1999年，福斯贝里对人们说道："大部分优秀运动员一直在自己所知道的事物上挣扎。"

福斯贝里之所以能比别人跳得高，是因为在他的认识中，懂得去为同一个目标寻找不同的方法。在别人都在遵循传统的方法时，他却敢大胆创新，最终因为他的识见，改善了成绩；而世界也因为他的识见，获得了进步。

　　生活需要创造，没有创造就没有文明的进步，如果没有"福斯贝里背越式跳高法"，相信跳高的成绩就不会获得大幅度的提高。人们敬仰福斯贝里取得的成绩，更敬仰成绩背后的这份识见。

　　一个人要发挥出自己的聪明才智，要好好把握生活所给予的机会，从而去追逐属于自己的成功，这样的人生才是精彩的。

第七章

有格局者,
遇惊遇险有胆识

不被风险和偶然的
失败吓住

生活中,人们往往很欣赏有胆识的人,他们敢冒险,有一种"天不怕地不怕"的劲头儿。不管发生什么事,面对什么样的境遇,都胸有成竹,该出手时绝不会畏首畏尾,因此,他们也比常人更容易取得成功。

人的一生中会面临许多选择的机会,就像一次充满未知的冒险旅程,旅程最终能否有收获,关键看你是否敢于大胆出手。事实上,机遇总是与风险相伴而生的。只是多数人在发现有风险时,被它恐怖的外表、骇人的形式威慑住了,再因为一时手忙脚乱,失掉了许多有利的机会。若能透过风险的外在形式,看到内在所蕴含的机会,自然也就能抓住它。

摩根生于美国康涅狄格州哈特福区的一个富商家庭。由于生活在传统商人家庭,在特殊的家庭氛围和商业熏陶下,摩根年轻时就养成了敢想敢做的性格,而且有商业冒险和投机精神。

1857年,摩根大学毕业进入商行工作,一次,他从古巴为商行采购鱼虾归来,途经新奥尔良码头,他下船在码头兜风,突然一位陌生人从后面拍了他的肩膀:"先生,想买咖啡吗?我可以半价出售。"那人说道。

"半价?什么咖啡?"摩根有些疑惑地问道,不过他没有拒绝这个人。

那位陌生人继续介绍:"我是一艘巴西货船的船长,为一个美国商人运来一船咖啡,可那个美国商人却破产了,我们只好在此抛锚。如果您买下,等于帮了我一个大忙,我情愿半价出售。只是有一个条件,必须现金交易。我看您像个生意人,所以才找您谈。"

摩根跟着船长去看了咖啡,成色非常不错,价格也合适,摩根毫不犹豫地以商行名义买下这船咖啡。可他得到的商行回复却是:"不准擅自决定!立即撤销交易!"

摩根勃然大怒,但他知道商行不是他摩根家的。摩根无奈之下,只好求助于在伦敦的父亲。吉诺斯回电同意支持他。摩根大为振奋,决定自己放手大干一场。在巴西船长的引荐下,又买下了其他船的咖啡。

摩根初出茅庐,便做下如此大宗买卖,不能不说是冒险。但上帝偏偏对这种人情有独钟,就在他买下这批咖啡后不久,巴西便出现严寒天气,咖啡产量大幅减少,咖啡价格暴涨,摩根因此大赚一笔。

摩根当时只有26岁,但他在人们面前却展现出深思熟虑、老谋深算的性格。机遇与风险总是并肩而行,摩根的成功就在于不惧风险,抓住时机。面对风险,如果总是踌躇不前,瞻前顾后,又怎么能成就大事?

当然,冒险的过程中难免会经历失败。越是称得上冒险的行为,失败的危险性就愈大。但若因为一次偶然的失败,就失去了尝试的勇气,那就与成功无缘了。事物发展的客观规律一再证明,成功和失败像一对孪生兄弟，如果只许成功降临不许失败诞生，也就等于扼杀了成功。所以，一个冒险而成功的企业家一语中的地说："畏惧错误，就是毁灭进步。"

请看这样一个实验：4只猴子被关在同一个密闭房间里，每天只喂极少的食物，猴子们饿得叫了起来。

几天后，在房间一个小洞里放了一串香蕉，刚放好，一只饥饿难耐的猴子就飞快冲过去，在它还没有碰到香蕉时，预先设置的机关泼出一股热水，将它烫得遍体鳞伤，这只猴子只能放弃香蕉，灰溜溜地回来了。其他几只猴子也去拿香蕉，也都是同样的遭遇。

又过了几天，实验室又放进一只新猴子。当这只猴子饥饿难耐，想要去拿香蕉时，却立刻被其他的猴子阻拦，告诉它那里很危险，他们已经吃过亏了，这只猴子最后听取了大家的忠告。

随后又换进来一只猴子，当这只猴子想要吃香蕉时，仍然像上只猴子一样，所有的猴子都过来阻止它。不过这只猴子似乎并不相信它们，谨慎地试探几次之后，最终勇敢地向那串香蕉跳了过去，而这次，喷头却没有喷出热水。

最终可想而知，其他猴子只能眼巴巴看着这只猴子独自享受美味的香蕉。就连实验员也不得不为这只有勇有谋、敢于冒险的猴子感到惊叹！

看到一只猴子有了惨痛的经历，其他的猴子就有了拿香蕉是有风险的记忆。于是，它们不敢再去冒险，虽然果实充满了诱惑，但一想到曾经的痛苦经历，就打消了念头。最后，一只勇敢的猴子通过几次尝试后，成功地收获了果实，那些畏首畏尾的猴子，这才后悔自己没有尝试，只能眼巴巴地看着同伴独享美食。

现实生活中，很多人都和不敢拿香蕉的猴子一样，一次惨痛的经历，或仅仅是道听途说，就让他们在困难面前失去了冒险的勇气。他们没有分析困难的原因，或者判断人言的真假，就轻易放弃了尝试，于是也放弃了走向成功的机会。

茫茫世界风云变幻，漠漠人生沉浮不定，而未来的风景却隐在迷雾中，向那里进发，有坎坷的山路，也有阴晦的沼泽，深一脚浅一脚，虽然有危险，但这却是在有限的人生道路上通往成功与幸福的捷径。今天就开始行动吧！冒险总比墨守成规让你更有机会出头。如果你不想被淘汰，你必须竭尽所能获得相关领域的新知，耕耘出一片专属的园地。

要培养
自己的"胆商"

智商高的人并不一定能够取得成功，高智商只是一种优势。很多高智商者根本无法发挥他们的潜能取得成功，究其原因，是他们骨子里缺少"胆商"。

胆商对于一个人成功的重要，已经远远超过了智商。在一项对1000名经理人进行的测试中发现，在一个人事业成功与否的重要参数中,胆商指数占据最高位置,其次是情商,最后才是智商。丘吉尔曾说:"我们有充分的理由把勇气当作人类德性之首,正是因为这种德性才保证了所有其余的德性。"这里所说的勇气,就是一个人所拥有的胆量,是胆略、临危不乱、处变不惊、坚持己见、力排众议、破釜沉舟的决断力与执行力。

对于人生来说,成功的第一要素便是敢想敢做,正所谓"十个好点子不如一次快捷行动"。敢于冒险,敢为天下先,敢于第一个吃螃蟹,才能在社会浪潮中踏浪前行,成为时代的弄潮儿,成为人人敬仰的对象。

自古盖房,都是先盖好房后再出售,这似乎是天经地义的事情。但香港商界奇才霍英东在20世纪中叶却来了个反其道而行之,他先出售,后建造。

这一方式打破常规,创造出一种全新的经营方式,最终使他由一介平民变成为了亿万富豪。

霍英东做生意有一个宝贵品质,那就是不错过任何一个发展事业的机会。20世纪50年代,霍英东独具慧眼,看出了香港人多地少的特点,认准房地产业必定大有可为,于是毅然倾其多年积蓄,投资房地产。当时这种作为非常冒险,如果失败,便血本无归,但幸运的是,他赌对了。用他自己的话说:"从此翻开了人生崭新、决定性的一页!"

以前的房地产业,都是先花钱购地建房,建成后再逐层出售,或按房收租。方法虽然稳妥踏实,但已严重阻碍了房地产的发展。经过反复思考,霍英东想到一个妙招,预先把楼宇分层出售,再用收上来的资金建造楼房，这一先一后的颠倒，使他得以用少量资金办成大事。原来只能兴建一幢楼房的资金，现在可以用来建造几幢新楼，不但提高了建房质量和速度，而且降低了资金使用成本，使他在行业竞争中具有更多优势。

这种以现代眼光看似稀松平常的方式，在当时无疑是石破天惊般的创举，但极大地迎合了社会的需要。当时人们都需要有自己的房子，这样的销售模式很好地迎合了他们的需求。在短暂的时间里，就为霍英东赢得了崇高的威望，成为赫赫有名的楼宇大王、资产逾亿万的大富豪。现在，霍英东名下有60余家公司，大部分都在经营房地产生意，他担任香港地产建设商会会长，经营香港70%的建筑生意。

霍英东的奇思妙想和敢想敢做的冒险精神成就了他的事业，在别人还在质疑的时候，他毅然将全部身家投入到行业之中，在经营的过程中，他开创了"先售后建"的先河，改变了房地产业的秩序，并成为房地产业的一个标兵。他以自己的胆识创造自己的传奇，接受着世人的膜拜。

当然，这并不是说如果你具备了胆商，就一定能够跑在别人前面抓住成功。胆商是要求一个人面对有风险的事物，不畏惧，能够敢于迈出第一步，但是，在迈出第一步之前，在追逐成功的过程中，光有胆商是不够的，还要有细腻的心思；否则，就很容易走向另一个极端，成了别人眼里的"傻大胆"。

有个医学教授在课上曾经对学生说："做医生，最重要的就是胆大心细。"说完，他便把一个手指伸进了桌子上那只装满尿液的杯子里，接着又把手放进自己的嘴里。随后，教授把杯子递给学生，让他们照做。看着每个学生都把手指深入杯中，然后再塞进嘴里，忍着呕吐的样子，他微笑着说："很好，你们都够胆大。可是你们不够细心，没有发现我深入尿杯的是食指，而放进嘴里的是中指。"

这是一则带有玩笑成分的故事，但它也能够引起人们的反思。世界上没有万无一失的成功之路，商业战场总带有很大的随机性，各要素变幻莫测，难以捉摸。在不确定的环境里，人的冒险精神是最稀有的资源。要抓住机遇，必须有胆量，否则好的机会到来时，也不敢去尝试。但有胆量的同时，还要有细腻的心思，不能逞匹夫之勇。一个人，唯有做到有胆有识，细心谨慎，统筹兼顾，才能够取得成功。

眼光决定成败

眼光决定一个人事业的成败，如果没有独到的眼光，没有自己独到的见解，又怎么能找到奋斗的目标？

人的眼光决定胆识。想成就一番大事业，就不能将自己的眼光局限在眼前利益上，而要把目光放在更长远的地方，看到时代的发展趋势，有效地利用手中资源。只有事事走在别人前头，才能把握最有利的时机；只有高瞻远瞩的人，才能先知先觉，从一个成功迈向另一个成功。

本田摩托在日本国内雄踞行业老大，在世界范围也是首屈一指的品牌，在行业中享有极高的知名度。他们今天所能取得的一切成就，首先要归功于本田摩托的创业者本田宗一郎先生。

20世纪70年代初，本田摩托在美国市场正畅销走红，这时，本田宗一郎却突然提出"转战东南亚市场的经营战略"，倡议开发东南亚市场以替代美国市场。

这一时期的东南亚经济刚刚起步，生活水平普遍较低，摩托车还仅仅是人们可望不可即的高档消费品，因此，许多人对他的经营策略感到非常不解。

本田宗一郎对此这样解释："美国的高增长经济即将进入衰退，摩托车市场相应地即将面临低潮。如果只盯住美国市场，一旦市场行情发生变化，便会损失惨重。东南亚经济虽然处在起步阶段，但已开始腾飞，前期做好准备，当市场飞速发展的时候，我们才能获得最大利益。未雨绸缪，才能使自身获得最好发展。"

一年半后，正如本田宗一郎所预测的那样，美国经济形势急转直下，许多企业产品产生滞销，而在东南亚地区的摩托车开始走俏。本田公司因为已提前一年实行创品牌、提高知名度的经营战略，此时发展如鱼得水，公司经营未受影响，还创出销售佳绩。

本田宗一郎是一个眼光长远的人，在人们还在满足今天销售佳绩的时候，他已经看到美国未来的发展趋势。在大家还没有警觉之前，就意识到问题，并积极寻找出路。虽然东南亚经济只是起步，不为大家所重视，但本田宗一郎又看到了它未来发展的潜力，正是因为眼光独到，才能制定出考虑最全面的经营策略，为企业发展指明最好的方向。

1980年，朱张金初中毕业，开始做一些小买卖。到1988年，朱张金拿出自己的2.5万元积蓄并借了19.5万元，让村里出面买下了一家制革厂。村里害怕承担责任，声明"所有亏损与村里无关，所有盈利归朱张金所有"。

对于高价买壳经营，很多人不看好，但10多年后，这家企业却越做越好，成为中国皮革行业中响当当的龙头企业。对于所有这一切，朱张金认为他靠的不是运气，而是他敏锐的洞察力。

1995年下半年，朱张金在莫斯科成立了一家公司，当地出现了抢购卡森皮衣的风潮，卡森在海宁成立检控中心，统一提供羊皮、款式、辅料，让海宁60个皮衣加工厂为它定牌加工，这一年卡森净赚1800万元。

当海宁老乡也纷纷北上抢夺俄罗斯羊皮衣市场时，他却转身做起猪皮生意。1994年，国内皮革行业经历低谷，小企业倒闭，卡森凭借反其道而行的猪皮经营策略，独辟蹊径，在行业不景气、出现众多倒闭的情况下，卡森当年盈利750多万元。

1997年4月，朱张金到香港参展，他又发现一个现象，在展会上，中国、韩国、斯洛文尼亚企业展出的大多是猪皮制品，而美国、英国、德国等发达国家企业展出的却是牛皮制品，这又给他的经营提供了一个思路。从香港回来后，朱张金宣布：停止猪皮生产线，上牛皮生产线。

朱张金认准了牛皮市场，就不再给自己留任何退路。当时有家公司要签订 100 万平方英尺的猪皮订单，这个单子意味着 100 万元的利润，但朱张金并没有接，许多人都说朱张金疯了。

而如今，卡森的牛皮沙发等家具已畅销美国，2003 年 2 月，经美国最大家具经销商推荐，卡森牛皮革沙发顺利进入白宫。

"现在许多企业看我搞牛皮革赚了钱，又要开始跟风，而我已在一年前开始考虑别的项目了。"面对竞争，朱张金显得信心十足。

朱张金的成功，靠的是敏锐的洞察力和超越常人的胆识。面对机会，他总能以独到的、长远的眼光看透其中蕴藏的机会，并展现超出常人的气魄把握这些机会，最终，他取得另人羡慕的结果。

果断抓住
稍纵即逝的机遇

一个年轻人懒洋洋地躺在草垛上晒着太阳，名曰等待机遇。

后来，一个怪物似的东西来到他身边，却被年轻人不耐烦地轰走了。

这时，长髯老人才告诉年轻人："这就是机遇呀！它不可捉摸。专心等待时，它可能迟迟不来；不留心时，却可能悄无声息地来到你面前；见不着它时，你时时想；见着了，却又认不出来。若当它从面前走过时没有抓住,那么它将永不回头,使你永远错过机会!"

在瞬息万变的现代社会中,机遇常有,而能够把握住机遇的人却不常有。有的人因为抓住了机会一跃而上,踏上了成功的大道;有的人却因为一叶障目,错失了眼前的机缘,一生碌碌无为。

机遇就像一匹烈马,除非你尽力追赶并死死抓住它的缰绳,否则无法抓住它。

正所谓,人的一生很长,但真正关键的只有几步。一次机遇到底是改变了长久的境遇,还是仅仅带来一时的小恩小利,就在于,当重要的机会来临时,是敏锐果断地及时抓住并利用了,还是让它不知不觉地溜走了。

机遇并不会随便赐给每一个人,它只垂青那些懂得如何追求它的人,只赐给那些果断出击的人。机遇稍纵即逝,要果断,不要犹豫,才能开启成功的大门。

美国三大电脑生产商之一的迈克尔·戴尔,时至今日,早已是《财富》杂志所列500家大公司的首脑中最有为的英才,他敏锐的眼光和果断力,早在学生时期就已显现。

还在奥斯汀市的得克萨斯大学读书时,像大多数学生一样,戴尔需要自己想办法赚零用钱。那时美国大学的校园里,个人电脑几乎成为学生们口中必谈的话题,每个人都想拥有一台属于自己的电脑,但高额的价格让多数人望洋兴叹。

这让戴尔心生疑惑:经销商的经营成本并不高,而他们所得的利润为何如此丰厚?为什么不由制造商直接卖给用户呢?戴尔知道，IBM公司规定经销商每月必须提取一定数额的个人电脑，而多数经销商都无法把货全部卖掉。他也知道，如果存货积压太多，经销商会损失很大。于是，他又有了新的行动，按成本价购得经销商的存货，然后在宿舍里加装配件，改进性能。这些经过改良的电脑十分受欢迎。戴尔见到市场需求旺盛，于是在当地刊登广告，以零售价的八五折推出他那些改装过的电脑。不久，许多商业机构、医生诊所和律师事务所都成了他的顾客。

就在戴尔创业初见成效的时候，父母对他的学习成绩很担心，这让他反倒坚定了自己的决定："我要退学，自己开办公司。"

父亲惊讶地问道："你的目标到底是什么？"

得到的回答是："和IBM公司竞争。"父母认为戴尔过于好高骛远，但无论怎样劝说，双方仍旧是各执一词。最终，他们达成协议：戴尔可以在暑假时试办一家电脑公司，如果办得不成功，到9月份他就要回学校去读书。

回到奥斯汀后，19岁的戴尔拿出全部储蓄创办了戴尔电脑公司。他以每月续约一次的方式租了一个只有一间房的办事处，雇用了一名28岁的经理，负责处理财务和行政工作。在广告方面，他请朋友把自己在一只空盒子底上画的广告草图重绘后拿到报馆去刊登。而戴尔自己则仍然专门直销经他改装的IBM公司个人电脑。

积极推行直销、按客户的要求装配电脑、提供退货还钱以及对失灵电脑"保证次日登门修理"的服务措施，为戴尔公司赢得了市场口碑。第一个月的营业额已达到18万美元，第二个月26.5万美元；不到一年，他便每月售出个人电脑1000台。到了戴尔本该大学毕的时候，他的公司每年营业额已达7000万美元。

后来，戴尔停止出售改装电脑，转为自行设计、生产和销售自己的电脑。今天的戴尔电脑公司，在全球数十个国家设有附属公司，每年收入超过数十亿美元。

机不可失，时不再来。在进退之间，不能把握时机者，必将一事无成，悔恨终身。历史如潮，有人功成名就，有人潦倒一生，而后者往往还会抱怨自己时运不济、生不逢时。事实上，智力、才能、身份、地位等基本条件并非是唯一的决定因素，关键在于是否能"在对的时间，做对的事情"，而这里所指的"对的事情"，无疑就是大胆出击、果断决策，及时抓住也许只有一次的机遇。

正所谓"二鸟在林，不如一鸟在手"，机遇来临的时刻，可以说是一秒值万金。任何决策和行动都是有风险的，一般情况下，有七分把握，三分风险，就理应当机立断。大凡卓越者，都善于在强手角逐中先知先觉，从不拖沓犹豫，坐失良机。瞬间的果断将成为改变未来的关键。

不做
怯懦的人

怯懦似乎是每个人的天性，面对风险，人们都有回避的本能，面对动荡，人们都有追求稳定的愿望，但如果对这份安稳过多追逐，会使自己陷入保守中。不敢去大胆追逐个人目标，不敢去表达自己的思想，最终会成为一个胆小鬼。

没有胆量的人，蜷缩在自己所编织的安全网内，不敢采取任何冒险行动，他总是在考虑事物发展的各种不利因素，他从未展现出追逐的胆量，任凭青春与岁月白白流逝。

做人应该有冒险的精神和胆量。面对自己心目中的理想，要有势在必得的自信；面对与成功相伴的风险，要有积极应对的勇气。即使不能取得事业的成功，他也一定会赢得周围人的赞叹。

只有战胜自己的懦弱，抛弃依赖的拐杖，才能走出胆小鬼的心境，建立自信，成为自己生活的主人，明确自己生活的目标。只有相信自己的力量，相信自己的存在价值，一个人的性格才会开朗，思想才会丰富，才能走出疑惑，打开成功之门。

罗伯特·T.清崎在他的《富爸爸·穷爸爸》一书中说："少年时代，我非常崇拜梅斯、阿龙、贝拉，他们是我心目中的英雄。作为青少年棒球联赛的参加者，我希望自己能像他们那样勇敢。我珍藏了他们许多的球星卡，我知道他们的平均得分，他们收入如何，以及他们是如何在少年棒球联赛上崭露头角。"

"在我10岁左右的时候,每当上场击球或打第一垒时,我就忘记了自己的怯懦,我会变成约吉或汉克,我会像他们一样勇敢,这是我从他们身上所学到的精神,也是我人生最有价值的精神。"

随着年龄增长,人们心中又有新的英雄,如高尔夫球英雄雅各布森、库普勒斯和伍兹。人们模仿他们的动作,竭尽全力去寻找自己与他们相似的地方。人们还崇拜像唐纳德·特拉姆、巴菲特、乔治·索罗斯和罗杰斯这样的投资家。不论崇拜什么样的人,不论我们的年龄怎样增长变化,人们从这些人身上所学到的,除了一份足以令人骄傲的成绩之外,最重要就是他们勇敢追逐个人目标的精神。无论我们每个人遭遇什么样的困难,这份胆量显然可以帮助我们更好应对生活。

洛克菲勒对自己的儿子说:"一个人要想成功,必须具备向命运挑战的勇气,如果只是蜷缩在一个角落里,那他只能眼看着别人取得成功。"在生活与工作中,我们不一定能取得同样优异的成绩,但这份勇敢的精神却是值得学习的。面对困难与挑战,如果一切都已考虑清楚,那就勇敢地做一次尝试吧,也许一次挑战之后,情况就会有所不同。

人生最大的失败莫过于让自己蜷缩在狭小的自卑中,让机遇与生命随时间白白流逝。生命赋予自己的是选择与追逐的权利,如果不能好好利用,那我们就辜负了宝贵的生命,生活将变得阴暗,人生也毫无意义。

超越自我，
改变命运

面对平淡的生活，如果你认为这不是自己所期望的，那就可以考虑超越自我。为了追逐自己的理想，去承受一些风险，去尝试一些不同的方法，去开拓全新的生活空间。这样不仅可以给自己的生活带来更多的收获，还会因此带给生活最美好的回忆。

15岁的时候，他很想学吉他。可家里很穷，一个星期里，有4天能吃馒头，其他3天还要吃粗粮。他不能向父亲要求买吉他，只能向朋友借。借来的东西，无论是书还是吉他，他都学得特别快。但弹别人的吉他和弹自己的，毕竟意义不一样，他还是渴望想要有一把属于自己的吉他。

后来他就想了个办法，到砖场打散工。1993年，在还不流行"打工"时，他就已经找到办法去实现自己的愿望。在砖场把砖头装上车运到工地，再把砖卸下来，每天工钱3.5元，干了两个月，一共赚了210元，再加上32元，才买到自己心爱的吉他。

这是他第一次如此强烈地追求自己的梦想。大学的时候，他开始唱歌，和一群朋友组建吉他社，自己还参加了足球、篮球、武术等社团活动，从那时起，他立志要做一个可以发挥自己才能的人。

毕业后，他来到深圳，独自去面对人生的挑战。到深圳一个月都没有找到工作，因为他读的是建筑专业，竞争很激烈。他就睡在工棚，从最普通职员做起。经过多年努力，最终升职为经理，现在他过上了属于自己的幸福生活。

这是一个人对自己生活的讲述，在他的讲述中，不难看出一次人生的跳跃对于他生命的意义。在当时看来，去砖厂打工，并不是为常人所接受的工作，但为了自己的理想，他毅然越过了心里的这道坎，找到实现理想的途径。他知道如何跳跃过现实的障碍去成就更好的自己，开创属于自己的生活。

多年前，亨利·福特决定改进发动机的汽缸，他要制造一个八汽缸一体的动力引擎，他命令技术人员去设计。

所有技术人员都认为，这样的引擎是不可能实现的，即使面对的是老板，他们还是一口回绝了这个"无理要求"。

听完技术人员的介绍，福特并没有气馁，他用不容置疑的语气说："无论如何，要生产出这种引擎。"

福特命令道："坚持做这项工作，无论用多少时间，直到完成这件工作为止。"

被他的气势所震慑，技术人员只好服从，因为福特让他们没有选择，6个月过去了，工作没有任何进展，又过了6个月，仍然没有成功。

在这一年年底，福特咨询技术人员时，他们再一次向福特报告无法实现。福特仍然态度坚决："我需要它，我决定得到它，哪怕它是一只老虎，我也有勇气擒住它！"

最后的结果是什么？

如果抱着必胜的信心，所有困难和挫折都会被你打败，没有什么是不可能的事情。最终，这种发动机被安装到了汽车上，福特凭借此项技术专利优势，将他的竞争者远远抛在了后面。

福特本人对于事业发展有着更为长远的规划，正是基于这种视角，他大胆提出自己的目标。现实虽然存在很多困难，但他多次跨越技术人员"不可能"的判断，展现出常人所不能及的胆识，最终目标得以实现，极大推动了企业的发展。

每一个成功者都会知道，奋斗的路途绝不会一帆风顺，道路上总会布满荆棘，会有狂风暴雨，但他们认为这或许只是一瞬的事，只需自己片刻的坚持，情况就会有所改观；没有勇气的人只如"惊弓之鸟"，事业上、生活中的任何一点风吹草动和坎坷磨难，对他来说都是一场惊天浩劫，于是，他将自己生活的范围局限在一个狭小的空间里。

超越自我是对气魄与信念最为严峻的考验。只有那些不安于现状，勇于探求自己极限的人，才会奋力搏击；只有那些对自己未来有坚定信念，面对困难不恐惧的人，才能展现出超人的胆识，将自己与成功紧密地联系在一起。

不让保守
阻挡成功

太过保守的性格,会让一个人的生活受到影响。一旦遇到危险,内心一片慌乱,不能做出判断,更不能展现出力挽狂澜的气势,最终让机会在面前白白溜走。即使事后对自己的行为感到后悔,但如果不能突破这种保守,人生也就不会得到根本的改变。

不为保守所限制的人,他们总是满怀激情,困难从来不会吓倒他们,快乐会遍布他们生活的每个角落。快乐是一种会传染的东西,爱人、亲人、朋友、同事,都会受到感染和鼓舞。面对如此一个富有激情的人,人们又怎能不投来欣赏与赞叹的目光?

美国一家制糖公司,每次向南美洲运方糖时,都因方糖受潮而遭受巨大损失,有人提出既然方糖用蜡密封都会受潮,那不如用一个小针戳一个小孔使它通风。最后,经过实验,确实取得令人满意的效果。这个人最后申请了专利,为此获得了100万美元的回报。

日本的一位K先生,听说戳小孔能够发财,自己也埋头研究,用针东戳西戳,希望也能戳出来一个名堂。结果,他在打火机的火芯盖上钻了个小孔,可以使打火机灌一次油,它的使用期限由原来的10天延长至50天。发明最终被他"戳"了出来。

类似的故事在生活中还有很多,对传统认识的一次偶然突破,就会产生完全不同的结果。也许就在我们大家所忽略的细节当中，就会蕴藏属于自己的机会。例如，仅仅是对传统方法的一个突破，就解决了一个运输的难题；仅仅是对这种创新精神的一种复制，就可以给自己带来意想不到的收获。

其实，要突破自身的保守性格并不是件很难的事情，要去认识到保守的严重后果，要去看到别人在创新之后的收获。对保守的性格与结果有了比较和分析后，也就可能有更多的突破。相信自己，勇于大胆尝试，在这种动机的驱动下，人生必然会走出不同寻常的道路，也会收获意想不到的成功。

斯蒂芬·柯维讲过一个厨具推销员的故事。他的年营业额从3.4万美元一下升到10.4万美元。讲述这个故事，是因为他经历了一件事才使营业额加倍增长的：他学会了如何训练跳蚤。你知道如何训练跳蚤吗？这并非一个玩笑，它让你知道如何使自己变得强大。

在训练跳蚤时，把它们放在广口瓶中，用透明盖子盖上。跳蚤会跳起来，撞到盖子，而且是一再地撞到盖子。当你注视它们跳起来并弹到盖子时，你会注意到一些有趣的事情：跳蚤会继续跳，但是不再跳到足以撞到盖子的高度。然后你拿掉盖子，虽然跳蚤继续在跳，但不会跳出广口瓶以外。原因很简单，它们已经调节自己跳的高度，一旦确定，便不再改变。

在工作中，一定要去积极探求自己的目标，不能将自己的目光和思想局限在狭小的范围，这样的人生是枯燥无味的。追寻更多的不同，赋予生活一份活力，不为保守所束缚，不断挑战更高的目标，才能使一个人展现出耀人的光彩和魅力。

不要在迟疑中丧失机会

生活中必然会面临选择，所以必须要学会充分思考，这样才能保证自己的抉择能产生出最好的结果。但在思考的过程中，千万不要忘记自己的思考也是有成本的，花费太多时间和精力去思考一件事情，也许并不能产生最好结果，但有胆识地进行抉择可以开启一段光明的未来。

一个年轻的哲学家，博学多才，风流倜傥，使许多女性为之倾倒。

一天，一个女子来敲门，说道："让我来做你的妻子吧！错过我，你将错过整个人生最忠实的伴侣。"

哲学家虽然很中意，但仍回答："我需要考虑！"

随后，哲学家用他习惯的哲学思维，列出结婚和不结婚两个命题，就像解决微积分的数学难题一般，想要去证明这命题的真伪。

最终，他陷入苦恼，无论提出什么见解，都只是徒增选择困难。在这种迟疑中，他度过了十年光阴。

终于，他得出一个结论：如果面临的抉择无法取舍，应该选择自己尚未经历的一个。

"对于结婚的处境会是怎样情况，我还不知道。对！我该答应她的请求。"

哲学家来到女人家中拜访，对女人的父亲说："你的女儿呢？请告诉她,我决定娶她为妻!"

女人的父亲用十分冷漠的眼神看着他:"你晚来了十年,我女儿已是三个孩子的妈妈了!"

哲学家听了,几乎崩溃,他万万没想到,以自己的高傲,换回来的竟然是无法追回的悔恨。

最终,哲学家抑郁成疾,不久离开人世。临死前,将自己所有著作丢入火堆,只留下一句对人生的注解:如果将人生一分为二,前半段是"不犹豫",后半段是"不后悔"。

这位年轻人有着令世人羡慕的才华,却因为"思考"而葬送了属于他的幸福。他是聪慧的,知道要思考自己的生活,但是他的迟疑让他的人生多走了10年的弯路,当最后想清楚所有问题,有了明确答案的时候,对方早已是三个孩子的母亲,而自己也错过了本应有的幸福。

过多的思考,容易转变成为犹豫不决。这样的性格是一个人获得成功的天敌。瞻前顾后,谨小慎微,固然能够避免不必要的错误,却也让人失去了近在眼前的机会,所以要努力追求对事物的全面考虑,但也要提防自己陷入这种性格的陷阱之中。

现实是超越理论的,并不是所有的抉择都可以以逻辑的方式解释清楚。对于生活而言,有时需要的正是一个决断。具备充足胆识的人,更能将机会掌握在手中。

一个年轻人走进富兰克林书店,拿起一本书问店员:"这本书多少钱?"

"1美元。"店员回答。

"要1美元？"那人惊呼道，"太贵了，你能不能便宜点？"

"没法便宜了，这本书写得很好，最低要1美元。"店员微笑回答。

这个人又盯着书看了一会，然后问道："你们老板富兰克林先生在吗？我想见一见他。"

"在，"店员回答，"他正在印刷间里忙着。"

富兰克林被店员叫了出来，这人扬了扬手中的书，再一次问道："富兰克林先生，请问这本书的最低价是多少？"

"2美元。"富兰克林果断地回答道。

"2美元！可刚才店员说才要1美元。你怎么可以这样？"年轻人反驳道。

"没错，"富兰克林回答道，"但是现在，你耽误了我的时间，这比损失1美元要重要得多。"

年轻人非常诧异，但为了尽快结束这场风波，再次问道："是吗，那么请你告诉我这本书的最低价好吗？"

"5美元，"富兰克林重复道，"5美元！"

"这是怎么了，你自己不是说只要2美元吗？"年轻人很惊诧。

"是的，"富兰克林回答，"可是到现在，因此所耽误的工作和损失价值要远远大于2美元。"

年轻人沉思了一下，默不作声把钱放在柜台上，拿起书本离开了书店。

这个年轻人从富兰克林身上得到了一个有益的教训：从某种程度上来说，时间就是财富，时间能生产价值。我们在交谈中，或者在思考中，无形中也失去了最宝贵的时间，对于自己、对于别人而言，这才是最有价值的。

常听人们说这样一句话:"现在就这样吧，我们只能等下一个机会出现了!"一个"等"字，可以错过很多选择的机会，也会消磨很多青春与岁月。如果一个人从来不明白时间对自己的重要性，不明白机会也有保质期，那他就会浪费掉很多的时间，他就可能会让很多机会白白地从自己身边溜走。

智慧和胆识
造就有魄力的人

有魄力的人，能为胆量注入智慧，绽放出勇气的光彩。

魄力是生命画卷上一抹灵动的色彩，是性情乐谱上激昂的音符。有魄力的人时而摇曳着芍药般的火红与热烈，时而散发醇酒般的清洌与芬芳，时而闪耀着魔幻般的色彩与魅力。

魄力是热情与智慧碰撞出的火花，是果断与灵感嫁接出的果实。但这份魄力内部却必须注入足够的智慧，才能让魄力显现出光彩。

一个人在沙漠里迷失了方向，酷暑难当，饥渴难耐。正当快撑不下去的时候，发现了一幢废弃的小屋，在屋子里居然有一台抽水机。

他兴奋地上前汲水,却怎么也抽不出来。这时,他看见抽水机旁,有一个装满水的瓶子,在瓶子上贴了一张纸条,上面写着:必须把水灌入抽水机,才能饮水!不要忘了,走的时候,请将水再次装满!

这个人迟疑了,如果能抽出水当然好,但要是没有抽出来,这瓶宝贵的水岂不是要白白浪费?这个房屋这么久没有人来,不知道这里的情况是否有改变,如果自己将瓶中的水喝了,还能暂时解决一下饥渴。

思考很久,他最终还是将水倒进抽水机。不一会儿,就抽出了清洌的井水,他不仅喝了个够,还带足了水,最终走出了沙漠。

临走的时候,他又把瓶子的水装满,并在纸条上加了几句话:纸条上的话是真的,舍弃瓶中的水,才能得到更多的水!

面临抉择,每个人都会迟疑,我们是解决一时之需,还是选择暂时的忍耐,也许退一步,就可以让我们更加靠近自己所想要达成的目标。正是在充分的思考、有所甄选后,才能做出大胆的抉择。退让之后,命运才会给我们丰富的回报。

在芬兰的一个小村庄里,有一家由小的木材企业发展而成的通信企业。1993年,这个企业的年轻总裁下达了一个令人不可思议的命令:将移动通信公司之外的所有公司都通通卖掉。命令一出,公司上下一片哗然,反对的声音就像潮水一样涌向了总裁,有的人甚至出口伤人。

面对汹涌而来的责难声,这位年轻总裁毫不动摇,而他的固执和我行我素,让他招致了更猛烈的抨击。但是,无论抨击的声音有多大，对他个人的攻击有多令人难以接受，他始终没有改变自己的决定，并坚信自己的决策正确。那一年，他出售了其他的公司，将所有的财力、物力、人力都集中在了移动通信业务上。可以说，为了保证移动网络和移动电话业务的持续发展，他毫不迟疑地放弃了其他公司，哪怕都是赢利的公司。

在无数的指责和疑问声中，公司的业绩却在以惊人的速度增长着。1998年8月的一天，位于芬兰赫尔辛基西部的公司总部里一片欢腾，人们打开一瓶又一瓶的香槟，庆祝公司销售网覆盖国家的数量超过麦当劳。这家公司就是著名的诺基亚公司，那个曾经面对过无数责骂的年轻总裁，就是约玛·奥利拉。就在1998年，诺基亚的产品已经销往130个国家和地区（比麦当劳多15个），在10个国家建厂，在45个国家设立销售办事处，拥有4.8万名员工，年销售额达到了1180亿瑞典克朗。

当目光短浅的人对自己喋喋不休地责难时，有魄力的人有着足够大的胸怀坦然地面对责难，因为他看到的是一个美好的未来。有魄力的人勇于放弃那些金光闪闪的既得利益，而去追逐更远大的目标。年轻的约玛·奥利拉正是这样一个有魄力的人。他不但有着旁人无法企及的眼光，更有着果断抉择的魄力，再加上他有容乃大的胸怀，造就了他的通信王国。

逆风前行、坚定不移是一种魄力，能在风雨中坚持，抵抗尘俗中的流言蜚语；刚强坚毅、潇洒自如是一种魄力，在岁月的风霜雨露中保持真我本色，在漫漫征程中历久弥新。魄力是我们面对困境时的果断抉择，是永不言败的信心，是锲而不舍的执着，是鹰击长空的声势，是飞黄腾达的秘籍，是成就事业的利剑，是勇气十足的表现。

保持内心平静，才能抓住眼前机会

临危不乱，冷静理智地全面分析危机，沉着应对，才能赢得生机。古人有言：冷眼观人，冷耳听语，冷情当感，冷心思理。这就是说，应当用冷静的眼光观察人，用冷静的耳朵听言谈，用冷静的心态处理事情，用冷静的头脑思考问题。

冷静产生智慧，冷静产生信心，冷静产生力量。乒坛老将邓亚萍曾说："其实大家在技术上的差别并不大，我能取胜靠的是冷静。即使输球也不会慌乱，而是更加沉着。"一生运筹帷幄的诸葛亮，就要求子女"非淡泊无以明志，非宁静无以致远"。可见，这种素质是含蓄克制的良好修养，是智慧者追求的高超境界。

保持平静的心态，不仅可以让我们看淡得失，掌控情绪，心情轻松，更可以使我们看清事态发展趋势，在风险中，找到对自己最有利的机会。

现实中，当我们遭遇一件事情的时候，一定要以平静的心态对情况有全面地了解之后，再去决定采取什么样的行为，这样，才能产生出最好的效果。如果一遇到风险，就慌乱了阵脚，毛毛躁躁，那这样的人，一般不会对事情有最好的处理，更不会获得好的结果。

在一个小镇上，有一位身怀绝技的卖瓜老汉。无论哪个瓜，他只要用手一掂，就能准确地说出重量，丝毫不差，因此，他在镇上很有名气。

小镇的附近有一个寺院，住了几个和尚。一天，院里方丈带着一个小和尚出来办事，路过王老汉的瓜摊，便挑了几个。王老汉用手一掂，眯着眼睛说："二斤六两。"

小和尚不相信他有如此神奇，便用秤去称，结果丝毫不差。

这时，方丈又挑了一只香瓜，向王老汉道："若你还能估准这只瓜，我便将随身带的一锭银子送给你。"说罢，方丈从布袋中拿出了一锭银子，足有二两多重。

王老汉一看，便爽快答应了。

他小心翼翼托起瓜，掂了一番又沉思一番，但没有说话，过了一会，又掂量一番，还是不语，旁人一再催促，最后王老汉咬着牙说了一斤三两，但用秤一称，这个瓜却是一斤四两。

王老汉之所以失手，是因为方丈的二两银子。区区二两银子，彻底地扰乱了王老汉的心神，打破了他的平静，使他不能再对瓜的重量进行准确把握，最终导致他发挥失常。人心就如一面湖水，风一吹过，就会掀起波澜。在这个物欲横流的世界，处处充满诱惑，很容易被淹没于欲望之海，如同面对银子的王老汉一般，再难准确地看到事物本身的发展规律。

法国作家雨果说过："世界上最宽阔的是海洋，比海洋更宽阔的是天空，比天空更宽阔的是人的胸怀。"平静并不是心无牵挂，更多的是对事情看得很透彻。

做人要舍弃一份浮躁，获得一份平静，三思而后果断抉择，这样才能为自己的发展把握最好的机会。

第八章

有格局者，有成有败有坚持

人生要经过风雨洗礼

没有人愿意遭遇挫折和困难，但也没有人能够规避它，因此在输赢成败面前该保持怎样的状态，是一把衡量一个人的胸怀、气度以及韧性的标尺。

害怕面对，一味地想着逃避推脱，无疑会被人视为懦夫；而那些顶天立地的汉子，不畏艰辛，流血流汗之后，毅然地重新站立在世人面前，他无疑会为人们所敬佩和欣赏。

挫折与苦难是对一个人性格的最好锻炼。如果以积极心态看待苦难，也许还会有发展的机会；如果只是消极处理，不仅事情的发展不会顺利，还会因此丢掉一个获得别人尊重的机会。

因此，在遇到挫折的时候，应该放下虚荣，客观地审视自我，认识到自己的优点，更要认识到自己的不足，有了客观认识之后，自己的行为才会显得更加稳重。苦难之下，内在是心性的煎熬，是对自己承受能力的不断突破；外在又是穷则思变的探求，无形中，自己的境界与智慧完成了一次超越。

春秋时期，晋文公文治武功，开创晋国长达百年的霸业，与齐桓公并称"齐桓晋文"。但在他的生命中却有在外漂泊19年的经历。正因为他具有在挫折中的这份坚持，才使他最终等到复国的契机，更因为苦难的磨炼，才使他具有开创霸业的能力。

当时骊姬祸国，公子重耳逃离自己国都，来到卫国，卫文公一时并未收留他，也没有提供援助，重耳只能再次离开。在五鹿，钱财、食物都缺少补给，重尔忍不住饥饿，向一个农夫乞讨。农夫从地上拾起土块，调侃重耳："拿去，吃吧！"近乎绝望的重耳气愤地举起鞭子就要抽打农夫，狐偃赶忙阻止，说："这是上天要赐给我们土地啊！说明我们复国在望。"巧妙地化解了这一冲突。

在逃亡路上，介子推到山沟里把腿上的肉割了一块，与采摘来的野菜同煮成汤给重耳。重耳得知后，心中的感动更是无法用语言来表达。

19年颠沛流离的生活，考验了重尔的心志，考验了他对复国大志的坚持。不为挫折所阻挠，不因苦难而放弃，他最终得以成功。可以说，正是挫折与苦难练就了他顽强的意志，如果没有这些经历，他又怎能使自己治理的国家空前的繁荣呢？

一个人的优秀品质，需要用什么来证明？苦难与挫折无疑是最好的方式，有了苦难与挫折的陪衬，才显现出一个人不同于常人之处。一个人能做出伟大事业，能够对社会有所贡献，也只是因为他坚定的人生信念。

诺贝尔奖是表彰对"人类做出最大贡献"的人士的荣誉奖项，很多作家都把它作为自己人生奋斗的最终目标，世人也很尊重能获得这个奖项的个人与作品。不过人们看到的只是表面的荣誉，却不知道那些获奖者在这份荣誉背后所经历的挫折。

叶芝是爱尔兰诗人，是1923年诺贝尔文学奖得主。1895年他的《诗集》被退回，编者评价他的作品"念起来毫不悦耳，又缺乏想象力，而且不启迪思考"。

萧伯纳是英国剧作家，是1925年诺贝尔文学奖得主。他的代表作《人与超人》被退回后，退稿人说："他永远不会成为英国人心目中的流行作家，甚至连一点钱都赚不到。"

高尔斯华绥是英国小说家，是1932年诺贝尔文学奖得主。他的第一部代表作《福尔赛世家》被退回时，退稿人说："这样的小说纯属自娱，全不理会广大读者的需求，因此可以说毫无畅销因素可言。"

福克纳是美国小说家，是1949年诺贝尔文学奖得主。他被退作品为其代表作之一《庇护所》。出版商说："老天爷，如果出版这本书，我们要一块儿去坐牢。"

海明威是美国小说家，是1954年诺贝尔文学奖得主，被退作品为短篇小说集《春潮》。出版商说："如果这本书出版，我们不但会被认为品质恶劣，甚至会被视为异常残忍。"

贝克特是爱尔兰戏剧家和小说家，是1969年诺贝尔文学奖得主，被退小说为其代表作《马龙之死》。编辑部认为这部小说，"毫无意义，又不吸引人"。

戈尔丁是英国小说家，是1983年诺贝尔文学奖得主，被退回的作品为其成名作《蝇王》（1954年）。评论是："你未能将看起来有潜质的构思成功地发挥出来。"

诺贝尔文学奖的荣誉光环是如此闪耀，不过，人们在赞赏他们、欣赏他们作品的同时，是不是应该更多地了解一下他们所走过的路，和吸引他们走向成功的道路呢？正是因为路途荆棘密布，才愈发显得这份成功的难得与珍贵。

正如一位哲人所说："失败，是走上更高地位的开始。"真正的伟人，从不畏惧所面对的种种失败，是因为他们经历了更多的挫折与困境，才使他们越发看清楚自己所坚持的道路。所谓"不以物喜，不以己悲"，经历失望，才能看到希望的珍贵；经历挫折，才能更加坚持自己对成功的执着。

我们不求成为伟人，但应该努力做一个顶天立地、为人所欣赏的人。在狂风暴雨的袭击下，保持顽强的意志和饱满的精神，等待黎明的到来。只有具备这份气魄，才能真正成就非凡。

摔了跟头
要立刻爬起来

人都会有摔跟头的时候，有些人摔了跟头，很快就能重新爬起，他会去思考自己为什么摔跟头，有了这次的教训之后，要避免以后走路时再出现类似的情况。而有些人可能会从此一蹶不振，整天只是自怨自艾，诉说命运的不公与情绪的宣泄，最终，因为一个跟头毁掉了未来的前程，因为一个跟头，让人们见识到了他们性格的懦弱。

每个人的人生道路都会遇到坎坷，在每个人走向成功之前，命运都会准备无数的"跟头"对你进行考验，只有那些摔了跟头立刻站起的人，才会跨越困难，才会凸显成功的宝贵；它也会将那些能力不足的人挡在成功大门之外。人们欣赏那些事业成功的人，不过更加欣赏他们能够一次次从挫折中走出的顽强。

1805年，安徒生出生在丹麦欧登塞的贫民区，父亲是个穷鞋匠，在他11岁的时候因病去世，当洗衣工的母亲不久就改嫁了。

小时候的安徒生不仅经常挨饿，还常常遭到人们的鄙视。但他却有一个在当时被认为与他出身完全不相称的、异想天开的志向——他想当一个艺术家、一个芭蕾舞演员、一个歌唱家，他希望自己能成为在舞台上表演人生、创造美的艺术家。当他向人们表达了他的想法后，遭到了大家的嘲笑，在庸俗人的眼中他成了一个天大的笑话，但他对此毫不在意。

安徒生14岁时离开了家乡欧登塞市，在当时那个世态炎凉的社会，可以想象等待他的是一种什么命运。饥饿和精神上的打击与他结下不解之缘，贫困和疾病折磨着他的身体，损害了他的身体和声音。安徒生曾当过一名小配角，但因嗓子失声而被解雇了。最后，他用坚强的意志创造了美，为人类留下了宝贵的精神财富和艺术宝藏。

1822年，剧院导演约纳斯·科林资助安徒生就读于斯莱厄尔瑟的一所文法学校。"为争取未来的一代"，安徒生决定给孩子写童话，出版了《讲给孩子们听的故事》。数年后，每年圣诞节都会出版一本这样的童话集。其后又不断地发表新作，直到1872年因患癌症才逐渐搁笔。近50年，他共计写了童话168篇，被誉为"世界儿童文学的太阳"。

没有平坦的路，路都是人走出来的。既然路不好走，就免不了摔跟头。我们不要埋怨下雨天路太难走，否则，就跟失败者怪罪对手过于强大或不遵守游戏规则一样的愚蠢和小气。这时，你要不服从命运的安排。

　　巴尔扎克说："挫折和不幸，是天才的进身之阶，信徒的洗礼之水，能人的无价之宝，弱者的万丈深渊。"重要的是我们不要被挫折打败，不要被环境所控制，跌倒后要迅速地爬起来，掸一掸身上的泥土继续前进。

　　我们知道，以前看过很多的电影或电视剧，人们寻宝的过程中，总会遇到很多危险，一路上总会充满各种挑战和困难，但是，信念是一种巨大的动力，它总可以驱动寻宝人从泥潭中爬起来，重新创造机会。

　　生命就像一艘巨轮，只要我们的信念不搁浅，我们人生的巨轮就不会搁浅；只要我们的信念不沉没，我们人生的巨轮就永远不会沉没。

　　试想一下，就好像我们赶路，不能因为跌倒就从此倒下，也不能因为跌倒而不敢走路、不敢外出，害怕会让我们失去更多的自由，丧失创造性。人生也是如此，大部分人因为不想尝到失败和挫折的滋味，所以一辈子懦弱，不敢轻易尝试新事物、新方法，却还因此沾沾自喜，殊不知，这才是最大的失败！

　　跌倒之后，当你在爬起来的时候，才能看到更美好的东西。所以我们不必害怕跌倒！我们应该惧怕的是自己的怯懦，失去尝试的勇气，也就等于自愿放弃了成功的机会。

挫折能帮助你
看清自己

乔治·华盛顿说:"99%的人做事失败,是因为当他们面对失败的时候,总习惯为自己找一个借口,这就让他们错失了一次审视自己的机会,而这就让他们距离成功更远了一步。"

很多人不愿去面对失败,总寻找各种借口去回避眼前的事实,但最终受蒙蔽的只有自己,客观的现实没有任何的改变。事实上,人生遭遇一些挫折,正是认识自己的好机会,唯有认识到自己的兴趣,认识到自己的能力水平,对自己有清醒的客观评价,才能在未来的道路上走得更稳,而这份懂得自省的品质,也更容易为人们所尊崇。

所以,遭遇挫折的时候,应反思一下自己,寻找失败的原因,看目标是否恰当,看是否超出自己能力的极限,看环境是否已经发生改变,一次反思和调整之后,你的人生就会有很大的不同。

苏格拉底带着一个学生去一座城市。走着走着,学生发现前方有一块巨石,他就站在石头面前停下了脚步。

苏格拉底问他:"孩子,怎么不走了?"

学生苦着脸说:"这块巨石把我们的路给挡住了!"

苏格拉底用手指了指一个方向,说:"我们从那条小路绕过去,不就可以了吗?"

学生回答道:"不,我不想绕,我要战胜这块挡住我们去路的巨石。"

苏格拉底:"孩子,你可能做到吗?"

学生说:"虽然很难,但是我有勇气跟信心扳倒这块巨石,我要战胜它!"经过艰难地尝试,学生一次又一次地失败了。

最后学生很痛苦:"连这个石头我都不能战胜,我怎么能完成更伟大的理想!"

苏格拉底说:"孩子,你不能战胜的其实是内心的自己,也许挡在你面前的不是石头,而是你的认识,道路从来都是存在的,你超脱不了你的认识,你也就不能找到你的方向。"

每个人都不可避免会遇到一些挫折,对待困难最好的解决办法,也许就是对自己重新认识,石头挡在面前的时候,我们应该认识我们所要达到的目标,而不能让石头挡住了自己的去路。如果一个人看不清自己要走的道路,那么可能总会被眼前的石头挡住去路。

要学会审视自己的生活,每个人都希望追逐自己的成功,但成功总是与坎坷相伴的,越耀眼的成功,也就意味着有越沉重的压力需要承受。当自己陷入困境的时候,不要因此而暴躁,利用这个机会对自己进行更深入的反思,然后再确定是否需要放弃,或者选择坚持。当困难被解决之后,不仅会收获成功,更会收获对自己的认可。

要学会
微笑面对挫折

高尔基说过:"只有爱笑的人,生活才能过得更美好。"

微笑是人们内心态度的一种外在反映。内心美好的人,从他的面容中,也能感受到他内心的阳光;内心苦闷的人,从他面容中,看到的只有愁眉不展的哀怨。每个人都愿意与乐观、爱笑的人相处,因为快乐会传染;每个人都敬仰那些微笑着面对痛苦的人,因为他们内心辐射出的强大气场会给人力量。

人生应该学会微笑面对自己生活所遇到的挫折。输与赢、成功与失败,在生活中会频繁遇到,与其悲观地感叹自身的过去,倒不如以乐观态度去面对自己的未来。以悲观的态度看待过往,只会使自己忽略今天的重要时机,当态度转变成乐观之后,也许就会以更从容的态度,去抓住今天的机会,懂得把握今天的人,才有更多的机会走向自己的成功。

微笑,展现的是包容的力量,展现的是从容的态度,展现的更是对生活的信任。

《小王子》的作者是安托万·德·圣-埃克苏佩里,他享誉世界,曾是一名非常优秀的空军飞行员,参加了西班牙内战,非常不幸的是,他落入敌区,成为一名俘虏。

想到第二天就可能被拉出去枪毙,他陷入极端惶恐中,想抽支香烟，却没有火柴。他最终鼓起勇气向门口的警卫借火，警卫打量了他一眼，冷漠地把火递给他。

当警卫帮他点火的时候，他们的眼光有一个瞬间的对视。他下意识地冲着警卫微笑了一下，一刹那，微笑打破了两人心灵的平静，从而架起了一座沟通的桥梁，不自觉地警卫嘴角也升起一抹笑容。

警卫的眼神收敛起那股凶气，两人开始攀谈起来。警卫询问他是否有小孩？他手忙脚乱地翻出了自己的全家福照片，警卫也掏出了自己的照片，开始讲述自己对家人的想念和对生活的想象，说着说着……警卫突然打开牢门，带他从后面的小路悄悄逃跑了，之后，警卫便转身走了，不曾留下一句话。

一个微笑，居然拯救了一条陷入困境的生命！

与人交往，展现一个微笑，也许可以带给自己不同的境遇与发展，正如故事描述的一般，当你对生活展示一个微笑时，生活也许会向你回报更多。笑是一种自信的表现，具有感染力，在人际交往中，有着特别的功效。报之以甜美的微笑，不会花费多大的代价，却能给你带来意想不到的结果。

面对困难，懂得以微笑面对，保持乐观态度的人，也许就会为自己开辟一条康庄大道。有心理学家甚至认为"能不能展示微笑，是衡量一个人是否对周围环境适应的一个重要尺度"。这话对于微笑的作用虽然有些夸大，但说明微笑对于疏导心理健康，减轻生活压力，甚至最终使人们达到"乐以忘忧"境界的作用。

日本有近百万的寿险从业人员，其中很多人也许不知道全日本20家寿险公司总经理的姓名，却没有一个人不认识原一平。他的一生充满传奇，最穷的时候，他连坐公车的钱都没有，可是最后，他终于凭借自己的毅力和信心，成就了一番事业。

原一平，身高只有1.53米，长相平平。27岁的时候，他揣着自己的简历，走入了明治保险公司的招聘现场，最终被录用，成为一名保险推销员。

在头半年时间里，他没钱租房，就睡在公园长椅上；没钱吃饭，就去饭店讨供流浪者吃的剩饭；没钱坐车，每天就步行。但是，即使经历了这些苦难，他也从来不觉得自己是个失败者，对于自己的生活与未来，仍然充满信心。

每天清晨从公园长椅上"起床"，他都会向每一个碰到他的人抱以微笑，不管对方是否在意或者是否回报给他微笑，他都不在乎。他的微笑总是那么由衷和真诚，让人能感受到他精神饱满、信心十足。

终于有一天，一个经常去公园散步的大老板对原一平的微笑产生了兴趣，他不明白一个吃不饱饭的人怎么会如此快乐，而腰缠万贯的自己却总是无法露出这样的笑容。他提出请原一平吃一顿饭，可是遭到了原一平的拒绝。他只要求这位大老板买他的一份保险，原一平因此有了自己的第一笔业务。

通过交谈，他们成了朋友，这位老板开始从原一平身上学习微笑的方式，并以不同的视角去看待和处理自己的生活。而这位老板也把原一平介绍给自己商界的朋友。

原一平用自己的自信和微笑感染了越来越多的人，最终成为一个成功的保险推销员，而他的业务就来自他那"最自信的微笑"。

对原一平来说，生活给予他的是苦难，命运给予他的是平凡，面对这些，他却依然以真诚的微笑去面对，这正是他不同寻常之处，也正是他面对生活选择的最好方式。最终正是依靠这份微笑，对他的命运轨迹产生了影响。因为自己的微笑，吸引了别人的注意；因为这份微笑，赢得了自己的第一笔业务；更因为自己的微笑，使自己的事业得以发展。

挫折不可怕，可怕的是在挫折面前失去了微笑的勇气。经过苦难的锤炼，依然能够展露出笑容的人，才是真正有格局的人。

天生就是乐天派

在一个瓶子中装了半瓶水，悲观的人看到后会说，太糟糕了，只有半瓶；乐观的人看到后会说，太好了，瓶子里还有半瓶水。相同的事物，因为态度的不同，却可以形成完全不同的认识。

乐观是一种精神，它所表现出来的是对待生活的开放态度，是对待命运的积极心态。无论遭受什么样的艰难困苦，只要学会乐观，对未来保持信念，就能发掘出自身潜在的力量。

乐观的人，周围总是围绕着很多人，人们欣赏他的生活态度，也欣赏他那种能够包容生活、接纳所有的气度。不管生活赋予他什么,他都会用来"享受",享受欢乐、享受磨难和痛苦,从不会用抱怨去博取同情,不管什么时候,与这样的人在一起,都能够感受到他对生命的积极态度,对生活的无限热爱。人们希望接近他,从他身上感染这份激情,并从他身上学习这份面对困难的勇气。

暴雨过后,一只蜘蛛艰难地从地上爬上墙壁,又艰难地爬向着它那张已经支离破碎的网,由于雨后墙壁潮湿,它在爬行中总是一次次掉下来,可是这只蜘蛛还是一次次地向上爬。

这时第一个路人看到了,叹了一口气,自言自语说:"我这一生啊,不就像这只蜘蛛吗?辛辛苦苦、忙忙碌碌,最后又能得到什么呢?无论多么要强,一场暴雨摧毁了自己的家园。"他日渐消沉,对任何事都漠不关心、随遇而安,在消极中离开人世,一生也没有享受到任何成功的喜悦。

第二个路人看到蜘蛛后,不禁在心中暗笑:"这只蜘蛛真是愚蠢啊,它怎么就不知道在旁边找一个比较干燥的地方绕道上去呢?看来人做事也要学着多动脑,不能像这只蜘蛛一样死脑筋。"于是,他越来越聪明,凡事都要从多个角度进行思考,选择最佳处理途径。

第三个路人看到后,一下子就被这只蜘蛛坚忍不拔的精神感动了,他暗暗对自己说:"一只弱小的蜘蛛面对困境都如此的勇敢、执着,更何况一个人呢?我一定要向它学习。"从此,他越来越坚强,在人生的风风雨雨中从不退缩,最后事业有成、家庭美满。

乐观是摆脱困境的最好方式。处在困境中,如果经过多次尝试,依然不能改变自己的状况,这时,转变一下思维,也许会给自己带来转机。以乐观、从容的态度对待,也许就可以看透其中的机缘,并寻找到离开困境的方法；在乐观精神的感召下，可以拥有更多拼搏的力量，为最终脱离困境树立信心。如果一个人总是感觉自己怀才不遇，恐怕一生都会与抱怨相伴，与其做一个人见人嫌的逃避者，不如做一个令困难止步的乐天派。

做个乐观的人，保持轻松的心态和积极的生活态度，不消沉、不抑郁，不轻易被生活的困难击垮。时刻记着向前看，身处苦难，也要憧憬美好的明天。如此，才能走得比别人更为轻松，生活也才更有意义。

危难磨炼出沉稳的个性

沉稳的性格，对于一个人获取成功是至关重要的。

如果一个人盲目冲动、毛毛躁躁，那么当风险到来时，他可能就会被表象吓倒；当机遇到来时，他又可能因为情绪波动，失去机会。相反，性格沉稳的人遇到这些情形，表现却大为不同。面对困难，他们能够理智分析其中原因，寻找到最好的解决办法，并将损失减至最小；面对机遇，他们能够控制自己的情绪，并有效掌控全局，最终将机会牢牢把握。

人生免不了会出现危难的情形，危难却可以锻炼一个人的心理承受力，增长他的智慧，磨炼他的心智，使他的性格必然更沉稳。沉稳的性格，对于他未来的成功有着举足轻重的作用。

有一个年轻人第一次坐飞机，这让他感到很神奇。在飞行途中，碰到了恶劣的天气，年轻人看向窗外，忽然担心地惊叫起来："你瞧，机翼快要裂开了！"

听到声音，飞机乘务员走了过来，看到情况后，冷静地对年轻人解释说："飞机的机翼都是有很大弹性的，你所看到的情形，是它在面临压力的情况下所表现的样子，只有这样才可以抗衡恶劣的天气。飞机工程师们把这种特性称为'容忍度'。如果机翼非常僵硬，就无法承受气流迅速变化所形成的压力，在恶劣的天气下，它们就会像干硬的树枝一样被折断。"年轻人听后若有所思，不再言语了。

飞机的设计遵循最先进的理念，在强烈压力变化环境中，给自己留下"容忍"的空间，不仅可以有效保护自身不被破坏，还可以提升自己抵抗压力的能力，一个小的设计技巧，就可以让飞机在飞翔过程中具有更高的安全性能。

沉稳也有同样的效用。面对外界的压力，能够承受和包容，并学会适当改变自己，使自己更好适应这个环境，在经受住压力的考验之后，赢得更好的发展。有了沉稳的心智，才能客观地认识自己的失败与挫折，并把它们看成是最好的磨炼，让自己在岁月的累积中变得成熟。

勾践做越王时，吴王阖闾来攻，勾践打败了阖闾并将其杀死。吴王夫差即位后，为替父报仇，经过两年精心准备，以伍子胥为大将，倾全部精兵，最终打败越国。勾践走投无路，与吴国议和。

议和的一项条件是：勾践和夫子必须到吴国做奴仆，随行的还有大夫范蠡。夫差让勾践夫妇到自己父亲阖闾坟旁养马。那是一座破烂的石屋，冬如冰窟，夏似蒸笼，勾践夫妇和范蠡在这里生活了三年。夫差出门坐车，勾践在前面为他拉马，从人群中走过，就会遭受人们讥笑："看，那个牵马的就是当年越国的国王！"

表面看来，勾践已陷入绝境，但他内心中却还在谋划复国的大计，挫折成就勾践的沉稳，而沉稳又可以为他东山再起找到最有利的时机；挫折成就了勾践的性格，而性格又决定了他未来的发展。由国君变为奴仆，是他能够承受的；养马为奴，也是他能够承受的；尝吴王的粪便，也同样是他所能够承受的。

有一天，勾践在伯嚭的引导下去探视吴王。正赶上吴王出恭，勾践走上前去，亲尝吴王的粪便，随后恭喜吴王，说他的病不久将会痊愈。吴王的病后来真的好了，通过这件事情，勾践获得吴王的彻底信任，并最终顺利回国，向自己政治目标迈出最关键的一步。

勾践的遭遇在常人看来是无法承受的，他所做的事情，也是大多数人无法做到的。面对危难和折磨，他以沉稳的心智掌控着整个局势，以外表的恭顺，最终使吴王打消对自己的怀疑，为自己的复国之路打开最后的通道。正是因为他拥有这样的承受力，才使他的故事成为历史传奇。

一位思想家曾说过，伟大、高贵人物最明显的标志，就是他们性格的沉稳，不管环境变化到何种地步，他的初衷与希望，仍然不会有丝毫的改变，他们都会以自己沉稳的性格去驾驭这种局势，并使它向好的方向发展，最终克服障碍达到目的。

放眼望去，那些令人欣赏的人，无疑都具备沉稳的性格。这种沉稳，可能表现在面对危机时的淡定从容，可能表现在面对苦难时的乐观坦然，在他们身上，谁都可以感受到一股坚实可靠的力量。

懂坚持的人
令人敬仰

歌德曾说，只有两条路可以通往远大的目标：力量与坚韧。力量只属于少数得天独厚的人；但是坚韧却可以让我们普通人实现目标。

坚持，让刘禹锡历经了"二十三年弃置身"的悲苦后，终修炼成"出淤泥而不染"的清莲；坚持，让苏子瞻身陷"乌台诗案"而坚持写出"老夫聊发少年狂"；坚持，让曹雪芹举家食粥却坚持写下了不朽的《红楼梦》。

圣贤们正用亲身经历向我们诉说着一个真理：坚持，才是成功的基石。懂坚持的人，会比别人有更多的可能靠近成功；懂坚持的人，不畏惧失败和困难，他们会投入更多精力去寻找解决问题的方法；懂坚持的人，会唤起心中无限的动力，为前进提供强大的信念和支撑；懂坚持的人，能够获得更多的赞扬与欣赏。

这是一个美国人的真实故事。

1832年，他失业了，他很伤心，于是下决心要当政治家，他参加州议员竞选，但糟糕的是，他竞选再次失败。一年里遭受两次打击，对任何人来说都是难以承受的。

他自己开办企业，可不到一年，企业倒闭，在以后的17年时间里，他不得不为偿还企业欠款而四处奔波，历尽磨难。

他再一次参加州议员竞选，这次他成功了。他内心终于萌发一丝希望，认为自己的生活有了转机。

1835年，他订婚了。但离婚礼还差几个月时未婚妻不幸去世了，他的精神受到很大打击，他心力交瘁，以致数月卧床不起。

1836年，他患了神经衰弱症。

1838年，他感到自己身体状况良好，决定竞选州议会议长，可迎接他的是再次失败。

1843年，他参加美国国会议员竞选，成功依然没有垂青他。

他尝试了11次，可只成功了2次，但他一直没有放弃自己的追求，他一直在主宰自己的生活。1860年，他当选为美国总统。

这位美国人就是亚伯拉罕·林肯。

毫无疑问，林肯是一个善于坚持的人，他经历一次次失败的打击：企业倒闭、未婚妻去世、竞选的一次次败北，但他都没有因此而倒下。这些失败的经历，衬托着他性格的坚毅，帮助他完成了自我的一次次超越，激励着他不断向着更高目标迈进。失败成就了他的坚持，而坚持又成就了他的进步。

经历生活的千锤百炼，才能打造出一个人钢筋铁骨的性格，这样的性格，又可以帮助他一次次迈过眼前的门槛而靠近成功。以相同的视角去审视那些取得伟大成就的人，他们谁不是一路经历苦难，又一路坚持，才走向最终的辉煌的？一个人只有展现出常人所不能及的坚持，才能获得他人所不能获得的成功；如果你展现不出比别人更优秀的能力，那么最终恐怕就只能成为臣服其下的失败者。

20世纪70年代，世界拳王阿里因体重超过标准20多磅，速度和耐力大不如前，医生给他运动生涯判了"死刑"，面对所有困难，阿里并没有退却，而是毅然决定重返拳台。

1975年9月30日，已经33岁的阿里，与弗雷泽进行第三次较量（前两次是一胜一负）。进行到第14回合时，阿里已精疲力竭，濒临崩溃边缘，这个时候，就是一片羽毛落在他身上，也能使他轰然倒地，他几乎没有丝毫力气去迎战15回合。

阿里并没有倒下，而是拼命坚持着，不肯放弃。他心里非常清楚，对方也和自己一样，精疲力竭。这个时候，与其说在比力气，倒不如说是在比毅力，要想获得最后的胜利，就看谁能比对方多坚持一会儿，在精神上压倒对方，就有胜出的可能。他竭力保持自己坚强的意志和誓不低头的气势，双目如电，令弗雷泽不寒而栗。

这时，阿里的教练敏锐地察觉到弗雷泽有意放弃，及时将信息传达给阿里，鼓励他坚持到底。阿里精神为之一振，果然，弗雷泽表示"俯首称臣"，甘拜下风，自动放弃比赛。

裁判当即高举阿里臂膀，宣布阿里获胜，保住"拳王"称号的阿里还未走到台中央便眼前漆黑，双腿无力地跪在地上。见此情景，弗雷泽如遭雷击，追悔莫及，因为这样的机会，自己一生也只会遇到一次，为此，他抱憾终身。

生活中，我们也会经常遇到这样的情况，身体与心理的承受即将到达极限，心中已经没有任何坚持的力量，但同时，困扰我们的阻力，也被消耗到最后的临界状态，在这种微妙的平衡中，只需要一个头发丝般微弱的重量就可以改变最终的结果，而决定结果的关键，就在于自己的坚持，因为坚持，就可以带来完全不同的结果。

正是因为曾经的经历，很多人在他们的言传身教中，总会告诫后来人："再坚持一下！"这是许多人走向成功的经验，也是许多人传授的制胜法宝。这对于那些处于困境中并且需要鼓励的人，显然会有很好的帮助。

《荀子·劝学篇》："骐骥一跃，不能十步；驽马十驾，功在不舍。"即使一匹腿力并不强健的劣马，若它能坚持不懈地拉车，照样也能走得很远。它的成功在于无论道路的长短或险阻，即使是踽踽而行，也从未停止过努力向前，也就是坚持不懈。在坚持中，必有挣扎与拼搏，必有忍耐与克服，走过这段艰难的历程，也就让自身得到了从平凡到卓越的升华，也就能实现从平庸到令人敬仰的跨越。

耐心等待
是成大事的特点

耐心等待是成大事者的品性之一。在人生的各种不得意之时，耐心等待更是成大事者调整自我心态的一种重要方式。

《孙子兵法·火攻篇》中"火发而其兵静者，待而勿攻"是说放火与进攻的配合问题。放了火一定要静观，等待时机再实施进攻。突出一个"待"字，即静观动态，等待合适的时机。

"静如处子，动如脱兔"讲的是动与静的关系，把这句话用在经商方面也未尝不可，在未得到商机之前，静观其变，等发现机会就马上行动。

大名鼎鼎的"金利来"领带最初是在一个简陋的小作坊里生产的，但它最终名正言顺地登上了大雅之堂，跻身名牌行列，靠的却是过硬的质量和别具一格的广告宣传。

20世纪80年代初，随着内地市场的繁荣，西装开始成为大中城市着装的热点，许多香港的厂家都着手有计划地打入内地服装市场。"金利来"也开始为领带进入内地市场运筹帷幄。从1981年起，"金利来"耗资百万开始在内地电视上大张旗鼓地做广告，"金利来"领带很快就覆盖了内地广告市场。人们只要打开电视机，就能听到那句耳熟能详的广告词："金利来领带，男人的世界。"连几岁的孩童都能倒背如流。然而，想乘机赚一笔的商人遍寻全国市场却没有

"金利来"的影子。原来，这是"金利来"有意造成的市场空缺，让销售和宣传有一段时空间断。根据价值规律，供不应求，必然会引起产品价格上涨，这种情景持续了整整两年，广告宣传耗资百万，产品却难觅踪迹。"金利来"稳坐香港，按兵不动。香港商界为之震惊，深深佩服"金利来"的深谋远虑。

1983年，"金利来"不慌不忙地进入了内地市场，人们强烈的购买欲望很快被激发出来，使"金利来"销量空前，获得了巨额利润。"金利来"仍然采取同样的做法，全力稳定中国市场，对东南亚各国只按计划播出宣传广告。两年后，"金利来"又一次主宰了东南亚领带市场。

"等待"是成大事者的品性之一。在人生的各种不如意时，耐心等待更是成大事者调整自我心态的一种重要方式。尽管遭受厄运时，小人蠢蠢欲动，落井下石，但学会自保，等待时机，谋求东山再起，这是一种非常重要的成功心态！学会耐心等待，终会有好的回报！

美国著名企业家亚科卡，20世纪70年代初担任福特汽车公司总经理，8年里为福特汽车公司挣了35亿美元的利润。正当他春风得意时，由于嫉妒和猜忌，被老板亨利·福特免去了福特汽车公司总经理的职务。面对精神的创伤和打击，54岁的亚科卡没有向命运屈服，决心韬光养晦，寻找一个可以再施展自己才华、大干一番事业的地方，用成功的事实让亨利·福特后悔。

为了实现自己的抱负，他拒绝了一些条件优厚的企业招聘，而接受了当时深陷危机、濒临破产的克莱斯勒汽车公司的聘请，担任了总裁。上任后，他首先对公司组织机构做调整，并在全体员工特别是主管人员中，实行以品质、生产力、市场占有率和营运利润等因素来决定红利的政策，主管人员没有达到预期目标的，将扣除25%的红利。还规定在公司尚没有起死回生之前，最高管理层各级人员减薪10%，而亚科卡本人的年薪只有象征性的1美元。他想以此表明，大家都在为走出困境而奋斗。为了争取政府贷款，他亲自游说新闻界，不得不像个被告一样站在国会各个小组委员会面前接受质询。由于过度劳累，他眩晕症复发，差点儿晕倒在国会大厦的走廊里。

经过几年的励精图治，20世纪80年代初，克莱斯勒汽车公司终于走出困境，并开始扭亏为盈，1983年赢利9亿美元，1984年创利润达24亿美元，1985年首季获纯利5亿多美元。亚科卡也成为美国的传奇人物。

人要在社会上有所作为，必须具备许多条件。例如高深的学问、远大的志向、宽阔的心胸、超强的忍耐力等，这些都是艰难人生旅途中最大的助力。其中低调更是不可少的修养，低调并不是退缩，而是用平常心对待一切。即使处于劣势，人们仍然会有求胜的欲望，可是要没有耐心等待，则会过早暴露自己的意图。所以只有隐忍不发，见机而动，才能一招致胜。

但是，古往今来，在政坛、商界及各行各业，哪有人不明白耐心等待的重要？说起来容易，真正做到的却很少，在紧要关头，偏偏忍不住会意气用事，则正应了"小不忍则乱大谋"这句话。

要真正做到耐心等待还在于一个"静"字。诸葛亮说"静以修身，俭以养德"，这是非常有道理的。这种"静"，让人少私心、去贪欲，不谋一己私利，所以不要急功近利，要宠辱不惊，要能对大事冷静合理地观察判断，才能看得远、想得深。这好比下棋，如果比对手更远地看到走势变化，岂有不赢棋的道理？

单凭一个"待"字，人们的运筹未必能达成目标，必须加上"静"字，以静观其变。没有"静"的修为，人会在自我的欲望面前膨胀，只贪图一时痛快而迷失自我，忘记自己弱者的地位和前进的方向，就会导致失败。《道德经》："弱者道之用。"老子主张以柔弱、顺应、包容的方式实现自然和谐与事物发展，揭示了道家思想中"道"的运作规律。一个人必须拥有足够的定力，才能使自己达到"道"的境界。

保持自信，不断给自己打气

人生最可怕的事情，就是缺乏自信。莎士比亚曾说过：自信是走向成功的第一步，缺乏自信才是一个人走向失败的根本原因。古往今来，许多人之所以失败，究其原因，不是因为自身能力不足，而是因为不自信。如果自己都不相信自己，那就不可能迈出走向成功的第一步。

这种来自内心的信念，是对抗压力的最好动力。无限风光在险峰，要看到最美的风景，自然要经历路途的坎坷，愈显耀的成功，必然会伴随愈强大的压力，只有那些对自己信念最坚定的人，才能排除万难，到达那高峰险峻之处，收获自己的成功，也赢得他人的赞赏。

被人们称为"全球第一CEO"的美国前通用电气公司首席执行官杰克·韦尔奇曾有句名言："所有管理都是围绕'自信'展开的。"凭着这种对自信的理解，在担任通用电气公司首席执行官的20年里，韦尔奇显示了非凡的领导才能。

韦尔奇的自信，与他所受的家庭教育密不可分。韦尔奇母亲对儿子的关心主要体现在培养他的自信心。因为她懂得，一个人只有拥有自信，他才能拥有一切。

韦尔奇从小就患有口吃症。说话不清，还因此经常闹笑话。韦尔奇的母亲想方设法将儿子这个缺陷转变为一种激励。她常对韦尔奇说："因为你太聪明，没有任何一个人的舌头可以跟上你这样的聪明脑袋。"从小到大，韦尔奇从没有对自己的口吃有过丝毫的忧虑。在母亲鼓励下，口吃毛病并没有阻碍韦尔奇学业与事业发展。而且当人们注意到他这个弱点的时候，反而更产生出某种敬意，因为他竟能克服缺陷，并在商界中做出如此卓越的成绩。

全美广播公司新闻部总裁迈克尔对韦尔奇十分敬佩，他甚至开玩笑说："杰克真是个有力量、有效率的人，看到他，我恨不得自己也有口吃。"

韦尔奇并不比别人拥有更高人生起点，甚至可以说，因为他的口吃，应该更有自卑感，但他最终取得了常人都难以取得的成绩，而所有这一切都要归功于他从母亲那里学到的自信。只要一个人建立起自信，那任何困难也阻碍不了他走向成功。

每个人都有选择命运的权利，因为自己的选择，可能会承受更多的孤独与考验；但因为这样的选择，却可以走出自己的轨迹。无论结果如何，只有敢于选择的人，才能从平凡的生活中走出来；只有相信自己的人，才能跨越困难的阻碍，达到最后的成功。每一个伟大的人背后，都有不平凡的经历，我们敬佩他们的成就，我们更应该学习他们在困难中坚持的信念。

有一个年轻人名字叫索克，从小在福利院长大。他身材矮小，长相也很一般，讲话还带有浓厚的法国乡下口音，所以他一直很瞧不起自己，认为自己是一个既丑又笨的乡巴佬。当他毕业的时候，就连最普通的工作都不敢去应聘，因此，没有工作，也没有成家。到了30岁，他的生活状态依然没有改变，他甚至开始考虑，自己是否还有活下去的必要。

一天，与他一起在福利院长大的好朋友约翰来看望他，兴奋地对他说道："索克，告诉你一个好消息！"

"好消息从来都不属于我。"索克一脸悲戚。

"不，我刚刚从电视上看到一则消息，拿破仑曾经丢失了一个孙子。电视里描述的相貌特征，与你丝毫不差！"约翰继续说。

"真的吗？我竟然会是拿破仑的孙子？"索克一下子精神振奋。他联想到可能是自己爷爷的拿破仑，他同样也是身材矮小，但指挥千军万马，为自己的国家带来的无上荣誉，这让索克感觉到自己矮小的身体里充满了力量。

第二天一大早,索克便自信满满地来到一家大公司应聘。20年后,他成为这家大公司的总裁,这时的他早已知道自己并不是拿破仑的孙子。但这一切,对他已不再重要。

自信是成功的基础。一个人想要获得成功,除了具备必要的能力和经验,还必须对自己充满信任。能力和经验可以通过锻炼得到提高,但缺少自信,理想将永远如天边的月亮一样让你无法企及。一个人无论处于什么样的环境,只要不失去自信,就会有希望。

美国作家爱默生说:"自信是成功的第一秘诀。"人们常常把自信比作是发挥主观能动性的一道闸门,是启动聪明才智的马达,从索克身上看来,这一点说得确实很有道理。

如果从一开始就认为自己是个普通人,那他未来的生活必然会陷入平淡;如果从一开始就相信自己会有一个辉煌的未来,那他就会开启一段追逐理想的人生;如果对于自己的目标又持有坚定的信念,那么就能承受更多的压力,经受更多的考验,最终达成自己所希望的成功。